Wissenschaftliche Taschenbücher WTB

Biologie

Ulrich Sedlag

Biologische Schädlingsbekämpfung

Akademie-Verlag · Berlin

WTB Wissenschaftliche Taschenbücher

Eine Auswahl lieferbarer Bände:

Heinrich Arnold
Physikalische Chemie der Halbleiter

Joachim Auth / Dietmar Genzow
Klaus H. Herrmann
Photoelektrische Erscheinungen

Hans Bandemer
Andreas Bellmann
Wolfhart Jung / Klaus Richter
Optimale Versuchsplanung

Frank Beichelt
Prophylaktische Erneuerung von Systemen

Joachim Bellach / Peter Franken
Elke Warmuth / Walter Warmuth
Maß, Integral und bedingter Erwartungswert

Wolfram Brauer
Hans-Waldemar Streitwolf
Theoretische Grundlagen der Halbleiterphysik

Siegfried Brehmer
Einführung in die Maßtheorie

Siegfried Brehmer
Hilbert-Räume und Spektralmaße

John Cunningham
Vektoren

Georg Dautcourt
Relativistische Astrophysik

K. Ch. Delokarov
Relativitätstheorie und Materialismus

Hannelore Fischer
Joachim Piehler
Modellsysteme der Operationsforschung

Gottfried Fritzsche
Grundlagen und Entwurf passiver Analogzweipole
Netzwerke I

Entwurf passiver Analogvierpole
Netzwerke II

Herbert Goering
Asymptotische Methoden zur Lösung von Differentialgleichungen

Herbert Goering
Elementare Methoden zur Lösung von Differentialgleichungsproblemen

Eduard Herlt / Nikolaus Salié
Spezielle Relativitätstheorie

Helmut Hess
Der elektrische Durchschlag in Gasen

V. I. Karpman
Nichtlineare Wellen in dispersiven Medien

Ulrich Kausmann
Klaus Lommatzsch
František Nožička
Lineare parametrische Optimierung

A. R. Kessel
Akustische Kernresonanz

Konrad Kreher
Festkörperphysik

Dieter Kress
Theoretische Grundlagen der Signal- und Informationsübertragung

DIETER LEUSCHNER
Grundbegriffe der Thermodynamik

V. S. LETOCHOW
Laserspektroskopie

DIERCK-EKKEHARD LIEBSCHER
Relativitätstheorie mit Zirkel und Lineal

WOLFGANG MEILING
Digitalrechner in der elektronischen Meßtechnik
Teil 1: Meßmethodik
Teil 2: Gerätetechnik und Anwendungen

L. I. MIROSCHNITSCHENKO
Kosmische Strahlung im interplanetaren Raum

PETER PAUFLER
GUSTAV E. R. SCHULZE
Physikalische Grundlagen mechanischer Festkörpereigenschaften
Teil I und II

ULRICH RÖSEBERG
Quantenmechanik und Philosophie

ALBRECHT ROST
Messung dielektrischer Stoffeigenschaften

J. V. SAČKOV
Wahrscheinlichkeit und Struktur

E. M. SAWIZKI
Perspektiven der Metallforschung

WOLFGANG SCHÄFER
Theoretische Grundlagen der Stabilität technischer Systeme

ERNST SCHMUTZER
Symmetrien und Erhaltungssätze der Physik

VOLKMAR SCHURICHT
Kernexplosionen für friedliche Zwecke

NORBERT SIEBER
HANS-PETER LEIDHOLD
Einführung in die Datenverarbeitung

HUBERTUS STOLZ
Supraleitung

GERHARD WUNSCH
Zellulare Systeme

Festkörperphysik
Entwicklungstendenzen und Anwendungsmöglichkeiten

GERHARD JACKISCH
Johann Heinrich Lamberts „Cosmologische Briefe" mit Beiträgen zur Frühgeschichte der Kosmologie

Die Schöpfer der physikalischen Optik
Eine Artikelsammlung

HANS-GEORG SCHÖPF
Von Kirchhoff bis Planck

HORST MELCHER
Albert Einstein wider Vorurteile und Denkgewohnheiten

RENATE WAHSNER
Mensch und Kosmos
Die copernicanische Wende

HELMUT FRIEMEL / JOSEF BROCK
Grundlagen der Immunologie

EBERHARD HOFMANN
Funktionelle Biochemie des Menschen
Band 1 und 2

LOTHAR JÄGER
Grundlagen der Klinischen Immunologie

KARLHEINZ LOHS
DIETER MARTINETZ
Entgiftung – Mittel, Methoden und Probleme

JOACHIM NITSCHMANN
Entwicklung bei Mensch und Tier

Stephan Schnitzler
Pharmakologische Aspekte von Immunreaktionen

Eberhard Teuscher
Pharmakognosie
Teil I – III

Heinrich Bremer
Klaus-Peter Wendlandt
Heterogene Katalyse

Peter Birner
Hans-Jörg Hofmann
Cornelius Weiss
MO-theoretische Methoden in der organischen Chemie

Werner Döpke
Dynamische Aspekte der Stereochemie organischer Verbindungen

Günter Eppert
Einführung in die Schnelle Flüssigchromatographie

Gerhard Geiseler / Heinz Seidel
Die Wasserstoffbrückenbindung

Falko H. Herrmann
Martina Ch. Herrmann
Das Hämoglobin des Menschen

Helmut Hrapia
Einführung in die Chromatographie

Hans Luppa
Grundlagen der Histochemie
Teil I und II

Burkart Philipp
Gerhard Reinisch
Grundlagen der makromolekularen Chemie

Horst Remane / Rainer Herzschuh
Massenspektrometrie in der organischen Chemie

Adolf Zschunke
Kernmagnetische Resonanzspektroskopie in der organischen Chemie

Vorschau auf die nächsten Bände:

Horst-Heino von Borzeszkowski
Renate Wahsner
Newton und Voltaire
Zur Begründung und Interpretation der klassischen Mechanik

Richard Campbell
Mikrobielle Ökologie

Gottfried Fritzsche
Entwurf aktiver Analogsysteme
Netzwerke III

Wolfgang A. Knorre
Pharmakokinetik
Theoretische Grundlagen und praktische Anwendungen

Karl Lanius
Physik der Elementarteilchen

Hasso Meinert
Fluorchemie

Volker Nollau
Semi-Markovsche Prozesse

Joachim Schuppan
Theorie und Meßmethoden der Konduktometrie

Joachim Schuppan
Anwendungen der Konduktometrie

Volkmar Schuricht
Fusionsreaktoren und Umwelt

Kurt Schwabe
pH-Messung

Rainer Sinz
Chronopsychophysiologie, Chronobiologie und Chronomedizin

WTB

BAND 124

Ulrich Sedlag

Biologische Schädlingsbekämpfung

2., bearbeitete Auflage

Mit 19 Abbildungen und 7 Tabellen

AKADEMIE-VERLAG · BERLIN

Reihe BIOLOGIE

Verantwortlicher Herausgeber dieses Bandes
Prof. Dr. H. Bochow

Verfasser:
Prof. Dr. Ulrich Sedlag
Eberswalde-Finow

1980
Erschienen im Akademie-Verlag,
DDR-1080 Berlin, Leipziger Str. 3—4
Lektor: Karl Abel

Lizenznummer: 202 · 100/501/80
Gesamtherstellung: VEB Druckhaus „Maxim Gorki“,
7400 Altenburg
Bestellnummer: 762 872 7 (7124) · LSV 4274
Printed in GDR
DDR 12,50 M

Vorwort

Die biologische Bekämpfung erfreut sich in breiten Kreisen einer gewissen Popularität, die allgemeiner Naturverbundenheit oder dem Unbehagen über die Anwendung von Pestiziden mit ihren unerwünschten Nebenwirkungen entspringt. Pressemeldungen über die erfolgreiche Bekämpfung dieses oder jenes Schädlings mit Schlupfwespen, Bakterien oder Viren nähren sie, und führen oft zu der Frage, warum sich Wissenschaft und Praxis nicht entschieden umweltschonenden biologischen Verfahren zuwenden. Das vorliegende Taschenbuch versucht daher, deutlich zu machen, daß diese oft komplizierter und in der Wirkung unsicherer sind als chemische Maßnahmen, ferner, daß mit regional sehr unterschiedlichen Voraussetzungen zu rechnen ist.

Illusionen auf der einen Seite steht eine gewisse Zurückhaltung im Beschreiten neuer Wege auf der anderen gegenüber, obwohl sich eine Reihe biologischer und biotechnischer Verfahren sowohl in anderen sozialistischen wie in kapitalistischen Ländern bewährt haben, und die Einführung weiterer bevorsteht. Das gilt auch für Gebiete, deren Klima dem unseren ähnlich ist. Allerdings sollte man sich nicht darüber täuschen, daß Praxisreife in der Regel erst nach erheblichem Forschungsaufwand zu erwarten ist.

Monat für Monat erscheinen zahlreiche Aufsätze über Untersuchungen zur biologischen Bekämpfung, und es vergeht kaum ein Jahr ohne internationale Tagungen ihrer Verfechter. Daher ist die hier gegebene Übersicht bei ihrem Erscheinen im Detail zwangsläufig korrektur- und ergänzungsbedürftig. Die Erfüllung ihres Anliegens,

Möglichkeiten und Grenzen der biologischen Bekämpfung aufzuzeigen und gegebenenfalls zur Überprüfung des eigenen Standpunktes im Für und Wider der Diskussionen anzuregen oder ihn besser zu fundieren, dürfte dadurch nur unwesentlich beeinträchtigt werden.

Der Verfasser

Inhalt

1. Einleitung

Vor einigen Jahrzehnten konnte man Verfahren zur Schädlingsbekämpfung relativ einfach in

biologische Bekämpfungsmaßnahmen
chemische Bekämpfungsmaßnahmen und
physikalische Bekämpfungsmaßnahmen

unterteilen. Wenn man einige Maßnahmen der Prophylaxe mit zur Bekämpfung rechnete, gab es kaum Abgrenzungsschwierigkeiten und die Definition für die biologische Bekämpfung konnte lauten:

> Unter biologischen Bekämpfungsmaßnahmen versteht man den Einsatz oder die Förderung lebender Organismen mit dem Ziel der Vernichtung schädlicher Arten.

Der Einsatz von Insektiziden pflanzlichen Ursprungs (Pyrethrum, Quassia, Derris) wurde entsprechend nicht zur biologischen Bekämpfung gerechnet.

Heute kann die genannte Definition nicht mehr befriedigen. Antibiotika, denen vorübergehend auch in der Schädlingsbekämpfung eine größere Chance eingeräumt wurde, könnte man zwar ebenso wie die Insektizide pflanzlichen Ursprunges ausklammern. Aber viel gewichtigere Grenzfälle sprechen gegen die Beibehaltung der zu eng gewordenen Begriffsbestimmung. Zunächst ist es natürlich nicht korrekt, die Viren zu den Organismen zu zählen.

Unscharf ist die Grenzziehung unter anderem bei den Bakterien: Wirken sie nicht als Organismen, sondern durch ihre Toxine, wie es vielfach der Fall ist, so liegt eine

Parallele zu den Insektiziden pflanzlicher Herkunft vor. Das gilt namentlich für *Bacillus thuringiensis*, bei dem die Infektion des Schadinsektes für den Bekämpfungserfolg meist nicht entscheidend ist.

Im folgenden wird der Rahmen ziemlich weit gespannt, wobei Abgrenzungen naturgemäß etwas willkürlich vorgenommen werden müssen. So wird beispielsweise das Grundsätzliche des Einsatzes massenhaft gezüchteter sterilisierter Organismen behandelt. Obwohl der angestrebte Effekt der gleiche ist, wird dagegen die Anwendung von Chemosterilantien im Freiland nur am Rand erwähnt, da das Vorgehen in diesem Fall weitgehend einer chemischen Bekämpfung entspricht und häufig nur Unterschiede in der individuellen Kontamination und Konstitution über Sterilisierung und Abtötung entscheiden.

Maßgeblich für die Einbeziehung auch solcher Methoden, die bisher nicht oder nicht von allen Autoren zur biologischen Bekämpfung gerechnet werden, ist die Tatsache, daß heute andere Alternativen zur chemischen Bekämpfung mit herkömmlichen Mitteln in den Vordergrund des Interesses gerückt sind, als die der auf S. 9 gegebenen Definition entsprechenden Methoden der biologischen Bekämpfung. Wenn auch nicht alle eingeschlagenen Wege zum Erfolg führen werden, sind einige doch so aussichtsreich, daß die in Abbildung 1 unter „biologische Bekämpfung im weiteren Sinne“ eingeordneten Verfahren in einigen Jahrzehnten möglicherweise kaum weniger bedeutungsvoll sein werden, als etwa der Einsatz von Parasiten und Räubern. Die Problematik der Vor- und Nachteile biologischer und chemischer Verfahren zu diskutieren, ohne dieser Tendenz Rechnung zu tragen, wäre daher unbefriedigend.

Mit Lockstoffen allein kann man zwar auch eine Bekämpfung vornehmen. In der Regel handelt es sich bei ihrem Einsatz jedoch eher um biotechnische Verfahren (Franz 1964), die Bekämpfungsmaßnahmen spezifischer gestalten bzw. unter Verminderung des Arbeitsaufwandes für die Überwachung exaktere Bestimmung von Notwen-

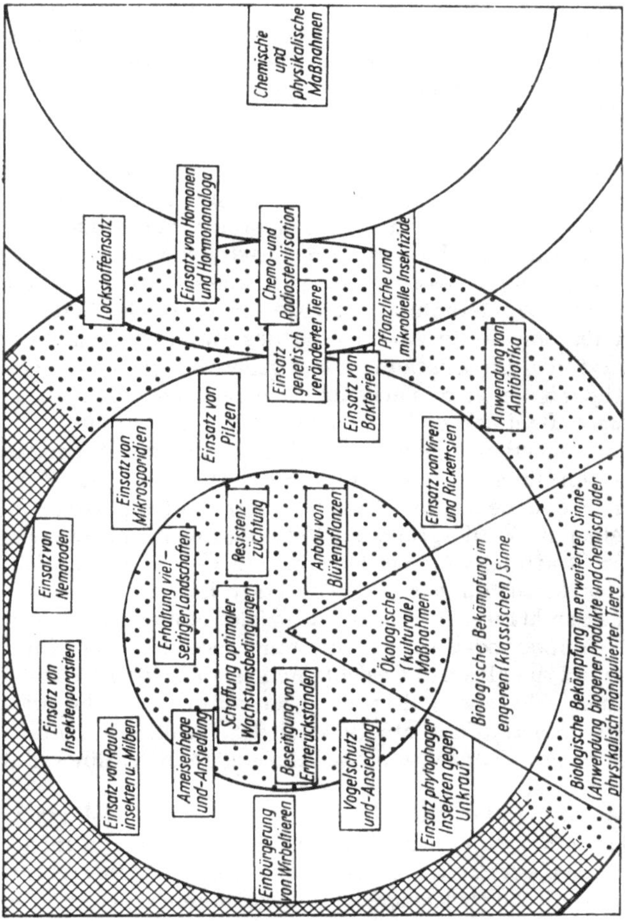

Abb. 1. Übersicht über biologische und partiell biologische Bekämpfungsmöglichkeiten sowie biotechnische Verfahren und ihre Beziehungen zu anderen prophylaktischen und kurativen Maßnahmen

digkeit und optimalem Termin gestatten. Da weitgehende Spezifität sowie geringere Umweltbelastung und damit verringerte Gefahren für Mensch, Haustier und Lebensgemeinschaft Zielfunktion aller hier behandelten Verfahren sind, schien es berechtigt, auch in dieser Hinsicht die durch exakte Definitionen zu ziehenden Grenzen zu negieren.

Die Fülle des auf engem Raum abzuhandelnden Stoffes wird damit zwar sehr groß, jedoch dürfte den meisten Lesern ein Überblick über das Gesamtgebiet willkommener sein, als eine detailreichere Darstellung der in weiten Kreisen bereits besser bekannten klassischen Verfahren und eine Wiederholung oft zitierter Beispiele. Maßgeblich für eine weite Absteckung des Rahmens war nicht zuletzt die Einschätzung, daß gegenwärtig entwickelte Methoden in den nächsten Jahrzehnten auch unter unseren Bedingungen Bedeutung erlangen werden.

Im folgenden stehen die Insekten wegen des Ausmaßes des von ihnen verursachten Schadens und der Fülle von Problemen, die sich aus ihrer großen Artenzahl ergeben, im Vordergrund der Betrachtungen. Im Interesse einer Straffung wird bei allgemeinen Erörterungen nicht immer darauf hingewiesen, daß statt Insekten auch Milben oder Mäuse hätten als Beispiele herangezogen werden können oder es werden nur Insektizide erwähnt, während die gleichen Gesichtspunkte auch für Akarizide, Molluskizide usw. gültig sind. So wurde etwa die integrierte Bekämpfung am Beispiel der Insekten erläutert, obwohl ihre Konzeption auch auf andere Schädlinge anwendbar ist.

Die Darstellung beschränkt sich auf die biologische Bekämpfung von tierischen Schädlingen und die in der Methodik verwandte Bekämpfung von Unkräutern mit Hilfe tierischer Gegenspieler. Ausgeklammert wurde also die biologische Bekämpfung von Bakterien und Pilzen, die im Bereich von Land- und Forstwirtschaft bisher nur geringe Bedeutung hat [z. B. Antibiotika-Anwendung gegen den Erreger des Feuerbrandes (*Erwinia amylovora*),

Bekämpfung phytopathogener Pilze mit einem aus *Trichoderma lignorum* gewonnenen Präparat und Stockimpfung mit antagonistischen Pilzen gegen die durch *Fomes annosus* hervorgerufene Ackersterbe der Kiefer], während sich die Behandlung human- oder veterinärpathologischer Organismen in diesem Rahmen von vornherein verbietet.

Der Verfasser dankt seinen Kollegen Prof. Dr. H. BOCHOW, Berlin, Prof. Dr. H. DECKER, Rostock, Dr. W. FLÖHR, Eberswalde-Finow, Prof. Dr. J. FRANZ, Darmstadt, Prof. Dr. R. FRITZSCHE, Aschersleben und Dr. D. OTTO, Kleinmachnow, herzlich für die Durchsicht des Manuskriptes oder einzelner Kapitel und kritische oder ergänzende Hinweise.

2. Zur Geschichte und Motivation der biologischen Bekämpfung

Sowohl biologische wie chemische Bekämpfungsmaßnahmen gehen letzten Endes bis ins Altertum zurück: In China wurden mehr als tausend Jahre v. u. Z. Kalk und Holzasche zur Vorratsschädlingsbekämpfung benutzt, zur Saatgutbehandlung wurde ein pflanzliches Insektizid verwendet. ARISTOTELES beschrieb den Gebrauch des Schwefels als Räuchermittel. Um 200 wurden Kornböden zum Schutz vor Käfern mit Öl gespritzt, man kannte auch Leimringe. Arsen als Insektizid läßt sich schon aus dem 2. Jh. v. u. Z. aus China nachweisen, im Mittelmeergebiet wurde Arsentrioxid im 1. Jh. u. Z. zur Bekämpfung von Traubenschädlingen benutzt. Im Talmud (um 500 abgeschlossen) gab es bereits Begrenzungsvorschriften für die Salz- oder Staubmenge, die dem Getreide beigemischt werden durfte. ARISTOTELES gab auch schon gewisse Empfehlungen für eine biologische Bekämpfung. Im heutigen Vietnam wurden um 300 „säckeweise“ Ameisen gehandelt, die in Mandarinenkulturen ausgesetzt wurden. Im 13. Jh. gab es im deutschen Raum bereits Vogelschutzgesetze, die mit der nützlichen Rolle der Vögel motiviert wurden.

Zur ersten Phase der biologischen Bekämpfung ist ferner die bisher vielleicht erfolgreichste Maßnahme der biologischen Schädlingsbekämpfung zu rechnen, nämlich die weltweite Ausbreitung der Hauskatze zur Nagetierbekämpfung. Weit verbreitet und oft von hinreichendem Erfolg war früher auch der Einsatz von Hausgeflügel zur Schädlingsvertilgung oder der Eintrieb von Schweinen in gefährdete Wälder. Andere biologische Maßnahmen erlangten nur lokale Bedeutung oder erwiesen sich als ausgesprochene Fehlkalkulationen wie die bekannte Einbürgerung des Haussperlings zur Schädlingsbekämpfung in den USA (ab 1850). Aber auch die chemische Schädlingsbekämpfung hatte sich bis zum Ausgang des 19. Jh. nur wenig weiterentwickelt. Das arbeitsaufwendige Ablesen, Zerquetschen und Zertreten von Schadinsekten war wahrscheinlich beim Anbruch der Ära der modernen biologischen Schädlingsbekämpfung bedeutsamer als der Einsatz von Giften.

Im Jahre 1884 stellte Krassilstschik nach Vorarbeiten von Metschnikow 55 kg reine Sporen des Pilzes *Metarrhizium anisopliae* her und bekämpfte damit in der Ukraine den Rübenderbrüßler (*Bothynoderes punctiventris*). Von wesentlich größerer Tragweite war jedoch der von Riley angeregte und von Albert Koebele ausgeführte Import des Marienkäfers *Rodolia cardinalis* als Gegenspieler der in den kalifornischen Zitrusplantagen verheerend auftretenden Schildlaus *Icerya purchasi* aus deren australischen Heimat im Jahre 1888, dem kurz zuvor schon der Import einer in der gleichen Schildlaus heranwachsenden parasitischen Fliege vorausgegangen war. Die einfache Durchführbarkeit des Verfahrens, der durchschlagende und nachhaltige Erfolg sowie die starke Anteilnahme der Öffentlichkeit an der Entwicklung der für Kalifornien lebenswichtigen Industrie machten die biologische Bekämpfung mit einem Schlage so populär, daß bald zahlreiche Bemühungen auf diesem Gebiet folgten. Schon in den nächsten 5 Jahren bewährten sich die jetzt aus Kalifornien beschafften Käfer in Hawaii, Südafrika, Ägypten und Neuseeland, im Lauf der Zeit insgesamt in über 30 Ländern. Dadurch wurden Hoffnungen geweckt, die sich in der Zukunft nur teilweise erfüllen sollten.

Damals und in den kommenden Jahrzehnten waren biologische Verfahren oft die einzigen Bekämpfungsmaßnahmen, die einen ausreichenden Erfolg versprachen: Die Zahl der verfügbaren Pflanzenschutzmittel war klein, ihre Wirksamkeit oft unbefriedigend und die Technologie

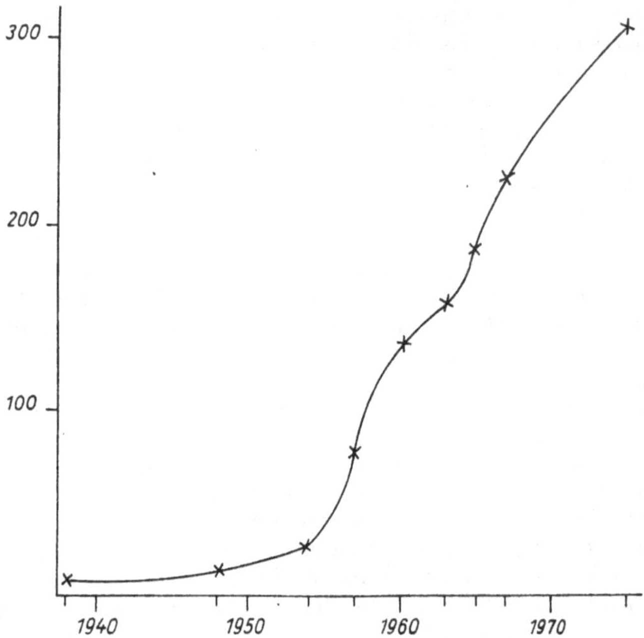

Abb. 2. **Zunahme der gegen Insektizide und Akarizide resistenten Insekten- und Milbenarten (ohne experimentell nicht belegte Freilandbeobachtungen) (Zahlen nach Georghiou u. Taylor 1977)**

der Ausbringung primitiv. Heute ist es dagegen nur ausnahmsweise das Ziel der biologischen Bekämpfung, einen anders nicht bekämpfbaren Schädling unter Kontrolle zu bringen. Andererseits hat sie in den letzten Jahrzehnten durch die steigende Anzahl insektizid- oder akarizidresistenter Schädlingsarten (Abb. 2) eine zusätzliche Bedeutung erlangt. Da die Resistenz sich häufig auch au, andere als die bisher angewendeten Wirkstoffe erstrecktf ist der Einbau biologischer Maßnahmen in die Bekämpfungssysteme besser als eine ständige Erweiterung der Bekämpfungsmittelpalette geeignet, einer weiteren Zunahme resistenter Arten oder Populationen vorzubeugen oder den erreichten Resistenzgrad wieder zu senken. 1975 wurden die Insekten- und Milbenarten, in denen sich resistente Stämme entwickelt haben (einschließlich 59 nicht durch Laborexperimente bestätigten) auf 364 beziffert; 225 davon waren landwirtschaftliche Schädlinge, 139 von medizinischer bzw. veterinärmedizinischer Bedeutung.

Teilweise ist die Einsparung von Kosten Hauptmotiv der Bemühungen um biologische Verfahren. Im günstigsten Falle arbeitet die biologische Bekämpfung ja automatisch und nach mäßigen Investitionen kostenfrei, da die erfolgreiche Einbürgerung eines Gegenspielers oder mehrerer sich ergänzender Arten das Schädlingsproblem für immer lösen kann. Das gilt namentlich für importierte Raubinsekten und Parasiten, jedoch ist ein derartiger Dauereffekt auch bei Krankheitserregern nicht völlig ausgeschlossen. Aus der biologischen Bekämpfung wird damit eine biologische Kontrolle, die allenfalls noch Aufmerksamkeit erfordert, wenn sie durch Maßnahmen gefährdet wird, die gegen andere Schädlinge gerichtet sind. Auch sonst können biologische Bekämpfungsmaßnahmen in den Kosten oft mit herkömmlichen Bekämpfungen konkurrieren (vgl. S. 61 und 106).

Hauptmotiv für Bemühungen um biologische Verfahren sind heute die Bestrebungen, gesundheitliche Gefahren, die Vergiftung von Nutz- und Wildtieren sowie sonstige unerwünschte Nebenwirkungen an sich geeigneter und ökonomisch vertretbarer Bekämpfungsmittel auf die Biozönose zu vermeiden. Daß sich die Zielsetzungen jedoch nicht immer klar trennen lassen, geht z. B. daraus hervor, daß eine kostenmäßig günstigere chemische Maßnahme infolge Mitvernichtung von Räubern und Parasiten mitunter mehrfach wiederholt werden muß und dadurch wirtschaftlich nicht mehr tragbar ist. Die möglichen Nachteile von Insektiziden sind in der Abbildung 3 zusammengestellt.

Der eben erwähnte Fall der Notwendigkeit einer Wiederholungsbekämpfung infolge Vernichtung der Gegenspieler ist keine Seltenheit. Unter Umständen ist auf einer unbehandelten Fläche in der Zwischenzeit schon ein völliger Zusammenbruch der Schädlingspopulation erfolgt. Natürlich werden in der Regel nicht nur die Gegenspieler der bekämpften, sondern auch die anderer Arten mitbetroffen. Das führt dann zu Spritzplänen für Obstplantagen, in denen 10 oder mehr Insektizidausbringungen im Jahr vorgesehen sind, die durch Akarizid-, Fungizid- und eventuell Hormonanwendung (Blühstimulation, Fruchtabfall usw.) ergänzt werden. Das Extrem einer völligen Vernichtung des Regulationsvermögens dürften wohl kalifornische Farmer erreicht haben, die zeitweilig ihren Süßmais gegen eine Eule im Abstand von 3 Tagen oder sogar täglich mit DDT oder Carbaryl spritzten.

Die meisten der in Abbildung 3 aufgeführten unerwünschten Nebenwirkungen könnten ausgeschaltet werden, wenn es gelänge, Mittel mit breiter Wirksamkeit durch selektivere Mittel zu ersetzen. Das ist aber nur in sehr begrenztem Maße möglich. Nicht ohne Grund gibt es bis heute nur wenige Insektizide, die nicht zugleich auch für warmblütige Tiere giftig sind, andererseits wirken selbst viele Fungizide und Herbizide auch auf Insekten. Da es infolge der im ganzen Tierreich weitgehenden Übereinstimmung physiologischer Reaktionen schon sehr schwer ist, insektenspezifische Gifte zu finden, und bereits die Entwicklung eines Insektizids mit üblicher Wirkungs-

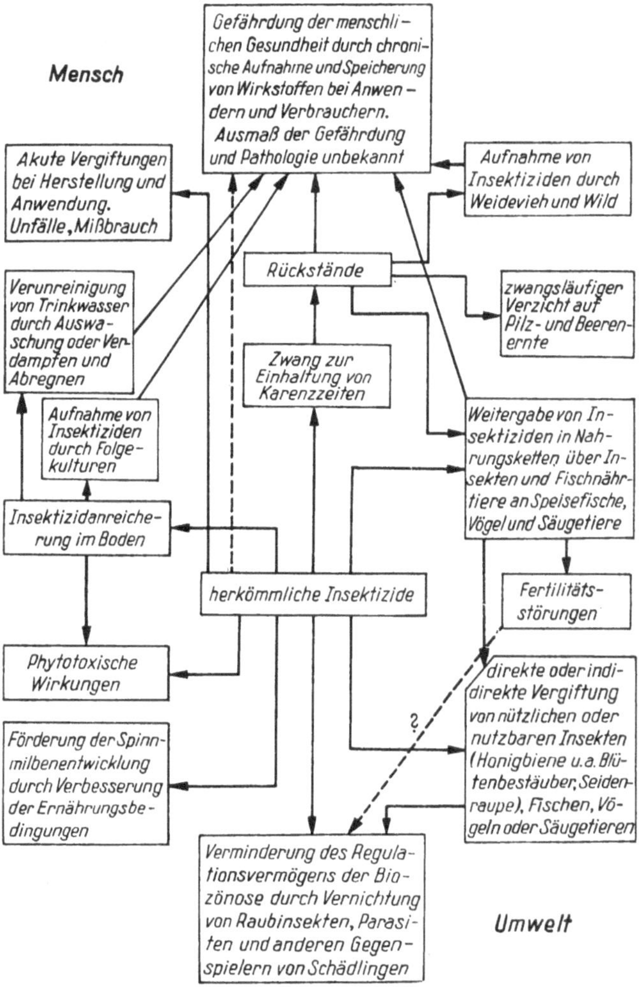

Abb. 3. Übersicht über mögliche unerwünschte Nebenwirkungen von Insektiziden

breite im Durchschnitt weit mehr als 10 Mio Mark kostet, wäre es eine Illusion, ein ständig zunehmendes Angebot an wirklich spezifisch wirkenden Mitteln zu erwarten. Es ist auch nicht zu übersehen, daß verminderte Produktionschargen zur Verteuerung führen würden und die Lagerhaltung im Handel und bei den Verbrauchern zusätzliche Probleme mit sich brächten. Hinzu kommt, daß die Möglichkeit, gleichzeitig einen Nebenschädling zu vertilgen, zweifellos oft doch zur Bevorzugung eines universelleren Mittels führen würde.

Realistischer ist es, lediglich mit Mitteln zu rechnen, deren Wirkungsspektrum stark eingeengt ist, wie z. B. bei den systemischen Insektiziden. Ebenso wie diese sind auch Fraßgifte hinsichtlich ihrer Wirkung auf Raubinsekten und Parasiten günstiger als Kontaktgifte. Die teilweise bereits eingeführte (BRD auf freiwilliger Basis) oder angestrebte Prüfung auf Unbedenklichkeit für bestimmte Gegenspielerarten im Rahmen der amtlichen PSM-Anerkennung dürfte geeignet sein, die Praxis stärker auf entsprechend gekennzeichnete biozönose- oder nützlingsschonende Insektizide zu orientieren.

In Anbetracht einer umfangreichen Literatur über unerwünschte Nebenwirkungen von PSM und die Gefährdung der menschlichen Gesundheit durch Rückstände in der Nahrung soll hier nicht weiter auf die Nachteile chemischer Bekämpfungsmaßnahmen eingegangen werden. Es muß jedoch darauf hingewiesen werden, daß in Diskussionen über damit in Zusammenhang stehende Fragen die Grenze zwischen erwiesenen und für möglich gehaltenen Nebenwirkungen oft verwischt und die Umweltgefährdung durch Insektizide im Vergleich mit anderen Zivilisationsgefahren stark überbewertet wird. Nicht zuletzt durch den Druck der in aller Welt mobilisierten öffentlichen Meinung steht heute bei den Bemühungen um den Ersatz chemischer Bekämpfungsmaßnahmen durch biologische Verfahren der Gedanke des Umweltschutzes im Vordergrund. Dessen brennende Aktualität zwingt jeden für die Bekämpfung von Schädlingen Verantwortlichen, die Möglichkeiten des Überganges zu biologischen Abwehrmaßnahmen erneut zu überdenken. Daß Antworten von gestern heute nicht mehr gültig sein müssen, ist nicht nur durch die sich in hochindustrialisierten Ländern von Jahr zu Jahr verschärfenden Umweltgefahren bedingt, sondern teilweise auch durch neue Erkenntnisse, Veränderungen im Preisgefüge oder durch Veränderungen in der Arbeitskräftesituation. Natürlich bringen auch Konzentration der Produktion und Übergang zu immer größeren Flächeneinheiten in der sozialistischen Landwirtschaft neue Probleme und veränderte Bedingungen für den Einsatz biologischer Methoden mit sich. Als DDT Eingang in die Schädlingsbekämpfung fand, galt es als Idealmittel. Der durch mögliche gesundheitliche Gefahren motivierte Verzicht auf diesen Wirkstoff verteuerte viele chemische Bekämpfungsmaßnahmen und an Stelle des DDT traten häufig Präparate, die die Gegenspieler der Schädlinge stärker beeinträchtigen und/oder für Säugetiere akut toxischer sind. Damit können zweifellos manche biologische Verfahren konkurrenzfähig werden, die es früher nicht waren.

3. Ökologische Voraussetzungen

Ob es sich um Tiere oder Pflanzen handelt — überall in der Natur begegnet uns eine gewaltige Überproduktion an Nachkommen. Bei Insekten, die 100 Eier ablegen, genügt es theoretisch, wenn die aus 2% der Eier schlüpfenden Nachkommen, nämlich ein Pärchen, sich fortpflanzen können. Die normale Eizahl kompensiert also einen 98%igen Ausfall. Liegt die Eizahl höher, und das ist bei einem großen Teil der Arten der Fall, sind die Verluste noch größer, denn im Durchschnitt bleibt von der Nachkommenschaft eines Elternpaares eben nur ein Paar übrig. Bei parthenogenetischen Insekten liegen die Ausfälle in der gleichen Größenordnung. Eine Vielzahl von Faktoren trägt im allgemeinen zur Vernichtung über-

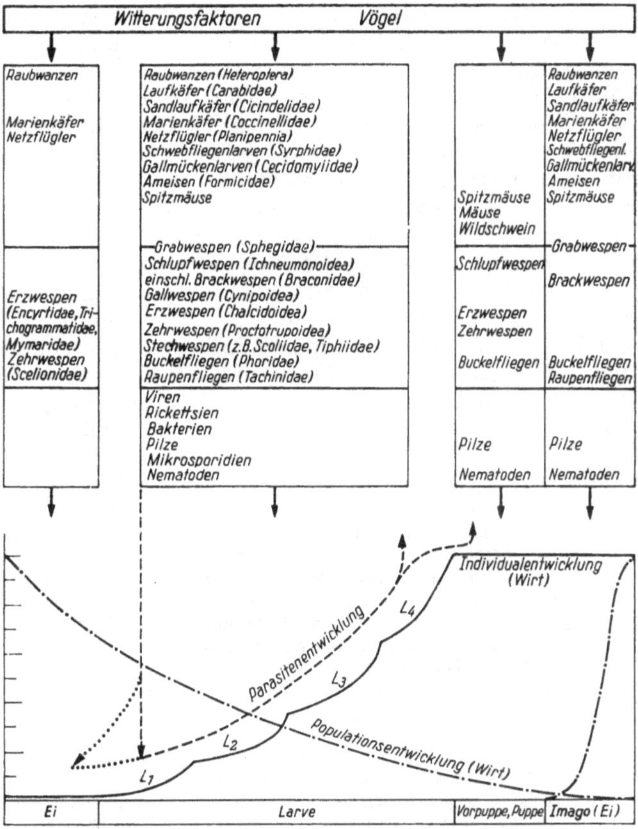

Abb. 4. Wichtige Begrenzungsfaktoren von Schadinsekten. Populationsentwicklung: % des Ausgangsbestandes. Individualentwicklung: Größe bzw. Gewicht und Stadien des Wirtes. Parasitenentwicklung: Darstellung der verzögerten Wirksamkeit vieler Parasiten, die Junglarven (oder auch Eier) belegen und aus Altlarven oder Puppen schlüpfen, so daß der Schaden der betreffenden Schädlingsgeneration nicht vermindert wird. In den oberen Säulenteilen sind räuberische, in den mittleren parasitische tierische Gegenspieler eingetragen, in den unteren Krankheitserreger (Beispiele!)

schüssiger Nachkommen bei. Beim Beispiel der Insekten bleibend, seien die wichtigsten in der Abbildung 4 genannt.

Unter den meisten der genannten Namen kann sich im Einzelfall eine ganze Gruppe von Arten verbergen. Ebenso wie mehrere Vogelarten als Vertilger in Frage kommen, können es auch mehrere Schlupfwespen, Raupenfliegen usw. sein. Die Parasitenlisten gut untersuchter Arten sind meist lang, allerdings muß man damit rechnen, daß in einem bestimmten Gebiet nur ein Teil der Arten vorkommt und auch wenig bedeutende Gelegenheitsparasiten Eingang in eine derartige Zusammenstellung gefunden haben. Bei der Wintersaateule (*Agrotis segetum*) wurden allein in der Kirov-Region (RSFSR) 13 Ichneumoniden, 7 Braconiden, 9 Tachinen und 25 Raubinsekten festgestellt. Einen Überblick über den Parasitenkomplex des Kiefernknospentriebwicklers gibt Abbildung 5.

→

Abb. 5. Ausschnitt aus der Parasitenassoziation des Kiefernknospentriebwicklers (*Rhyacionia buoliana*). Insgesamt werden in der Literatur mindestens 132 Ichneumoniden, 33 Braconiden, 45 Chalcidoiden und 12 Tachinen als Parasiten dieses Schädlings angeführt. Bei Bereinigung aller Synonyme und Ausschluß von Fehlbestimmungen würden schätzungsweise nicht mehr als 25% der Arten übrig bleiben. Ähnliches gilt für die Parasitenlisten vieler anderer Arten. Auf jeden Fall ist jedoch die auf Europa beschränkte Liste der Parasiten unvollständig.

Der Parasitenkomplex kann als gut ausbalanziert angesehen werden: Es gibt Ei-, Raupen- und Puppenparasiten und die Raupen können sowohl vor wie nach der Überwinterung angegriffen werden. Der Komplex umfaßt Hymenopteren verschiedener Verwandschaftskreise sowie Raupenfliegen. Charakteristisch ist auch, daß trotz der Vielzahl potentieller Parasiten selten mehr als 4 oder 5 Bedeutung haben. Dagegen ist der geringe Anteil der Hyperparasiten, die bei dieser Art häufig überhaupt fehlen, ungewöhnlich.

Den Kreisschemata, die den Anteil der verschiedenen Parasitengruppen bzw. einzelner Arten am Schlupfergebnis zeigen, liegen Zahlen von ADLUNG (1965) zugrunde. Ein kleiner Teil der Insekten stammt aus Begleitschädlingen des Kiefernknospentriebwicklers (Verhältnis der geschlüpften Falter 1:17). Da die Mehrzahl der Parasiten sich in allen diesen an Kiefern lebenden Kleinschmetterlingen entwickelt, fällt das nicht ins Gewicht. Zum Wirt hinweisende Linien lassen erkennen, welches Stadium belegt wird, zum Parasiten weisende, aus welchem Stadium dieser schlüpft.

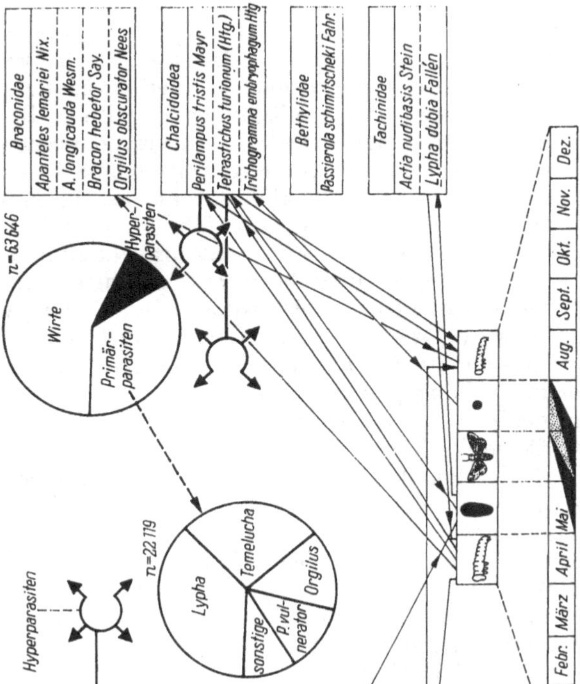
Braconidae
Apanteles lemariei Nix.
A. longicauda Wesm.
Bracon hebetor Say.
Orgilus obscurator Nees
Chalcidoidea
Perilampus tristis Mayr
Tetrastichus turionum (Htg.)
Trichogramma embryophagum Htg
Bethylidae
Passierola schimitscheki Fahr.
Tachinidae
Actia nudibasis Stein
Lypha dubia Fallén
n=63 646
Wirte
Primär-parasiten
Hyper-parasiten
n=22 119
Lypha
Temelucha
Orgilus
P. vulnerator
sonstige
Hyperparasiten
Ichneumonidae
Campoplex ramidulus Brischke
C. rufifemur Thoms.
Dichrogaster spp.
Ephialtes brevicornis (Grav.)
E. buolianae Ratz.
E. roborator F.
E. sagax Htg.
Eulimneria crassifemur (Thoms)
Gelis muelleri (Först.)
G. nigritus (Först.)
Itoplectis alternans Grav.
I. maculator F.
Pimpla turionellae L.
Pristomerus orbitalis (Hlmgr.)
P. vulnerator Pz.
Temelucha interruptor (Grav.)
Jan.
Febr.
März
April
Mai
Aug.
Sept.
Okt.
Nov.
Dez.

Abb. 5.

Die Vielzahl der beteiligten Arten ist Voraussetzung für die Pufferwirkung der Biozönose, die nur einem Bruchteil der Arten und diesen nur gelegentlich eine Massenvermehrung ermöglicht,die etwa zum Absterben von Bäumen oder Sträuchern führt. In armen Lebensgemeinschaften kommt es viel leichter zum Ausbrechen einer Art oder gar zu zyklischen Schwankungen mit großer Amplitude. Bekannt ist z. B. das Auf und Ab der Schneehasenpopulation im NordenKanadas. Einem starken Ansteigen der Schneehasen folgt stets eine starke Zunahme der Luchse, die zum Zusammenbruch der Hasenpopulation führt, worauf dann die Luchse einen Tiefstand der Populationsdichte durchlaufen. So belegen es die über Jahrzehnte geführten Statistiken der Fellanlieferung der Hudson-Bay-Company und ähnlich würde es auch aussehen, wenn ein Insektenschädling unserer Breiten nur durch eine einzige, weitgehend von ihm abhängige räuberische oder parasitische Art reguliert würde. Sicher kämen durch die Witterung Variationen in dieses Wechselspiel hinein, aber auch hier würde es in der Regel Populationskurven mit steilem Aufstieg und Abfall und an den Gipfelpunkten ungeheuren Individuenzahlen geben.

In den Urwäldern des nördlichen Eurasiens und Nordamerikas kommt es relativ selten, im tropischen Regenwald nur ausnahmsweise zu Insektenkalamitäten, da die Lebensgemeinschaften hier aus viel zahlreicheren Gliedern bestehen und damit das Ausufern einer Art erschwert wird. Diese regulierende Funktion der Lebensgemeinschaft kann man, nicht ganz eindeutig, analog zu dem englischen Begriff ‚natural control‘ als ‚natürliche Kontrolle‘ oder auch als ‚biologische Kontrolle‘ bezeichnen. Auch bei Vorhandensein einer großen Anzahl von Gegenspielern oder „natürlichen Feinden“ träten häufiger als es der Fall ist, Massenvermehrungen (Gradationen) schädlicher Insekten auf, wenn alle diese Faktoren dichteunabhängig wirken würden. Völlig dichteunabhängig ist die Witterung: Ein starker Sturm schüttelt z. B. 80% der Raupen von den Bäumen, unabhängig davon, ob

20 oder 2000 in der Krone fressen. Auch ein Raubinsekt, das nur zufällig das eine oder das andere Individuum der betreffenden Art aufnimmt, wirkt dichteunabhängig.

Wichtig für die Determination, d. h. für die Einhaltung einer bestimmten unteren Populationsdichte, unterhalb der die Art nicht mehr existieren kann, und einer oberen, die den Lebensraum zerstört, sind die dichteabhängigen Faktoren. Sie wirken schwächer reduzierend, wenn die Populationsdichte gering ist und gewinnen an Einfluß, wenn diese ansteigt. Verzögert dichteabhängig sind Räuber und Parasiten, die sich in Abhängigkeit vom Schädling vermehren, aber dazu natürlich Zeit benötigen. Sie können mit der Massenvermehrung ihrer Beute nicht Schritt halten, sie aber dämpfen und den Zusammenbruch wesentlich beschleunigen. Verzögert dichteabhängig sind auch Krankheiten, und dichteabhängig sind schließlich diejenigen Vögel, die erst bei einer bestimmten Dichte der Schadart speziell danach zu suchen beginnen. Es kann allerdings auch passieren, daß sie sich das massenvermehrte Insekt „überessen“ und damit nur von beschränkter Wirksamkeit sind.

Vollständig dichteabhängig und damit der einzig sichere Schutz vor schrankenloser Weitervermehrung einer bestimmten Art sind nur die Nahrungskonkurrenz innerhalb der Art, evtl. die gegenseitige Störung und bei manchen Arten auch Kannibalismus (z. B. Reismehlkäfer, *Tribolium* spec.). Dadurch wird oft der Rückgang der Population eingeleitet, an dem sich dann alle anderen Faktoren beteiligen, wobei leicht ein falscher Eindruck von ihrer relativen Bedeutung entstehen kann. Zum Beispiel drängt sich der Verdacht auf, daß der Zusammenbruch durch Parasiten verursacht wurde, wenn die aus anderen Gründen zurückgehende Population plötzlich ganz überwiegend von den nunmehr ausreichenden Parasiten befallen wird, die beim Anstieg der Bevölkerung „hinterherhinkten“. Genetisch bedingte qualitative Veränderungen der Schädlingspopulation, die auf Verringerung des Selektionsdruckes unter den günstigen Bedingungen des

Massenwechsels und vielleicht auch auf Inzucht zurückzuführen sind, verringern in der Regel ebenso wie unzureichende Ernährung während der Larvenzeit die Vitalität und Zahl der Nachkommen.

In unseren Wäldern treten regelmäßig Massenvermehrungen der einen oder anderen Art auf. Das ist auch nicht anders zu erwarten, denn vollständige Biozönosen, d. h. hinreichend regulationsfähige Lebensgemeinschaften, existieren höchstens noch in Reservaten. Der Aufbau der Wälder aus einer Holzart und die lokale Beschränkung auf eine bestimmte Altersklasse müssen zu einer Verminderung der Artenzahl und damit zu einem Verlust an Stabilität führen.

In der Landwirtschaft sind die Voraussetzungen für eine biologische Regelung noch ungünstiger. Hier wird die Assoziation von Insekten und anderen Tieren (Agrobiozönose) durch Fruchtwechsel Jahr für Jahr zerstört und in der offenen Landschaft haben fast nur noch solche Tiere eine Lebenschance, die im Boden überwintern, wobei sie hohen Verlusten durch Bodenbearbeitungsmaßnahmen ausgesetzt sind. Natürlich haben sich bestimmte Arten damit abgefunden, aber es sind relativ wenige. Daher sind diese Lebensgemeinschaften schlecht gepuffert, so daß häufig Bekämpfungsmaßnahmen erforderlich werden, die sich anbahnende Regulationen durch verzögert dichteabhängige Gegenspieler im Keim ersticken. Im mitteleuropäischen Getreidebau war es bisher kaum notwendig, Insektizide anzuwenden. Verstärktes Blattlausauftreten ließe hier eine grundlegende Änderung der Situation befürchten, würden nicht exakte Überwachung und Festlegung der Bekämpfungsnotwendigkeit dem entgegenwirken. Immerhin ergab eine neuere Untersuchung in der BRD noch mindestens 250000 räuberische Arthropoden/haWeizenfeld, von denen ebenso wie von den parasitischen Insekten nur ein kleiner Teil die zusätzliche Belastung durch häufige Insektizidanwendung überstehen würde.

Wenn heute die Anwendung von Pestiziden in aller Welt eine steigende Tendenz aufweist — in der UdSSR betrug die Zunahme von der ersten Hälfte der fünfziger Jahre bis 1970 bei einer Produktionssteigerung auf 200% rund 1000% — muß das allerdings nicht unbedingt auf einer ständigen Abtötung der natürlichen Gegenspieler beruhen. Es kann sein, daß Nahrungsüberangebot und Ökoklima eine Schädlingsart so stark begünstigen, daß Parasiten, Prädatoren und Pathogene auch dann keine spürbare Rolle spielen, wenn ihre Entfaltung nicht durch Pflanzenschutzmaßnahmen verhindert wird. Ziel der biologischen Bekämpfung im engeren Sinne ist es, wo immer es möglich ist, chemische Bekämpfungsmaßnahmen dadurch entbehrlich zu machen, daß die im Ökosystem vorhandenen Abwehrkräfte gestärkt oder neue Gegenspieler darin eingebracht werden.

4. Biologische Methoden im engeren Sinn zur Insekten- und Milbenbekämpfung

4.1. *Einsatz von parasitischen und räuberischen Gliederfüßern*

4.1.1. *Allgemeines über Parasiten und Räuber*

Als sich die Insekten im Erdaltertum entwickelten, hatte die heute sehr breite Palette der Ernährungsmöglichkeiten lange Zeit einen viel geringeren Umfang: Es gab noch keine Blüten, die Nektar und Pollen gespendet, und zunächst auch kaum Wirbeltiere, die Blutsauger und Kotfresser ernährt hätten. Dagegen standen Vertreter der eigenen Klasse als eiweißreiche Beutetiere zur Verfügung und man geht wohl in der Annahme nicht fehl, daß sich Parasitismus und Räubertum schon sehr frühzeitig entwickelten. Bedenkt man, wie zahlreich und teilweise „raffiniert" die Anpassungen an den Blütenbesuch sind, die sich in der vergleichsweise kurzen Zeit seit dem Tertiär herausbildeten, und wie viele Spezialisten es unter den Blütenbesuchern gibt, wird es nicht überraschen, daß

Tabelle 1

Übersicht über das Vorkommen von Epi- und Parasitie in mitteleuropäischen Insektenordnungen. Folgende Ordnungen, in denen es (fast) keine zoophagen Arten gibt, wurden weggelassen: Eintagsfliegen (Ephemeroptera), Schaben (Blattoidea), Staubläuse, Flechtlinge (Psocoptera) und Pflanzenläuse (Homoptera)

Ordnung	Allgemeines zur Ernährung	Räubertum (Episitie)	Parasitie bei Insekten	Parasitie bei anderen Tieren
Steinfliegen (Plecoptera)		Larven (aquatil) teilweise räuberisch	—	—
Libellen (Odonata)		Larven (aquatil) und Imagines (Flugjäger) durchweg räuberisch	—	—
Springschnecken (Saltatoria)	Überwiegend Pflanzenfresser	Laubheuschrecken und Grillen ganz oder teilweise räuberisch	—	—
Ohrwürmer (Dermaptera)	Überwiegend Abfall- und Pflanzenfresser	teilweise räuberisch, insbesondere von Blattläusen lebend	—	—
Tierläuse (Phthiraptera)		—	—	Larven und Imagines durchweg Blutsauger und Hautparasiten bei Säugern und Vögeln

Blasenfüße (Thysanoptera)	die meisten Arten rein phytophag. Lebensweise von Larven und Imagines gleich	manche Arten fakultativ, andere ausschließlich zoophag (Blattläuse, andere Blasenfüße, Milbeneier)	–	–
Wanzen (Heteroptera)	überwiegend Pflanzensaftsauger. Lebensweise von Larven und Imagines gleich	zahlreiche Arten fakultativ oder ausschließlich räuberisch	–	einige wenige Arten Blutsauger bei Vögeln und Säugetieren
Hautflügler (Hymenoptera)	als Larven zahlreiche Arten Pflanzenfresser (Blatt-, Halm-, Holzwespen). Imagines der meisten Arten Blütenausbeuter	Imagines einer Anzahl von Schlupfwespenarten räuberisch. Grab-, Weg- und Faltenwespen bevorraten bzw. füttern ihre Brut mit Insekten oder Spinnen (bei Grab- und Wegwespen Grenzfall zwischen Epi- und Parasitie)	Schlupfwespen (Ichneumonoidea), Erzwespen (Chalcidoidea), Zehrwespen (Proctotrupoidea), fast ausschließlich, Gallwespen (Cynipoidea) überwiegend parasitische Entwicklung	Weg- und einige Grabwespen versorgen Brut mit Spinnen. Einige wenige Arten Parasiten bei anderen Gliederfüßern
Käfer (Coleoptera)	Mehrzahl der Arten Pflanzen- oder Detritusfresser	zahlreiche Arten als Larve und Imago räuberisch, z. B. Schwimmkäfer (Dysticidae), Laufkäfer (Carabidae) und Marienkäfer (Coccinellidae)	nur wenige Arten parasitisch (einige Kurzflügler-Staphylinidae und Laufkäfer-Carabidae)	nur ausnahmsweise, z. B. Speckkäfer (Dermestidae) bei Jungvögeln

Tabelle 1 (Fortsetzung)

Ordnung	Allgemeines zur Ernährung	Räubertum (Episitie)	Parasitie bei Insekten	Parasitie bei anderen Tieren
Fächerflügler (Strepsiptera)		–	alle Arten parasitisch, besonders bei Stechwespen und Zikaden	–
Schlammfliegen (Megaloptera)		Larven räuberisch im Wasser	–	–
Kamelhalsfliegen (Raphidides)		Imagines überwiegend Blattlausfresser, Larven räuberisch, vor allem unter Borke	–	–
Hafte, Netzflügler (Planipennia)	Als Imagines teilweise ausschließlich Blütenausbeuter	Larven durchweg, Imagines teilweise räuberisch	–	Schwammfliegen (Sisyridae) leben von Schwämmen und Moostieren (Grenzfall Para-/Episitie)
Schnabelfliegen (Mecoptera)	Imagines und wahrscheinlich auch Larven Aas- und Kleintierfresser	Siehe 2. Spalte. Im wesentlichen werden wohl sterbende Insekten gefressen, jedenfalls ohne Bedeutung	–	–

Köcherfliegen (Trichoptera)	Imagines Blütenbesucher. Larven großenteils Geschwebefiltrierer, z. T. mit Netzbau	teilweise räuberisch	–	–
Schmetterlinge (Lepidoptera)	fast ausschließlich Pflanzenfresser (Raupen) und Nektarsauger (Imagines)	bei einigen wenigen Arten Raupen fakultative oder obligate Räuber	–	–
Zweiflügler (Diptera)	außerordentlich vielseitige Ernährung	Räubertum weit verbreitet, z. B. Schwebfliegenlarven (Syrphidae) Raubfliegen (Asilidae), Gallmückenlarven (Cecidomyiidae)	wichtige Parasiten vor allem bei den Raupenfliegen (Tachinidae), den Fleischfliegen (Sarcophagidae), ferner z. B. bei den Gallmücken (Cecidomyiidae)	breites Wirtsspektrum: Spinnen, Asseln, Regenwürmer, Schnecken, Kröten, Warmblüter (parasitierende Larven), zahlreiche Blutsauger (Imagines von Mücken und Fliegen)
Flöhe (Siphonaptera)	Larven Detritusfresser	–	–	Imagines durchweg Blutsauger bei Vögeln und Säugetieren

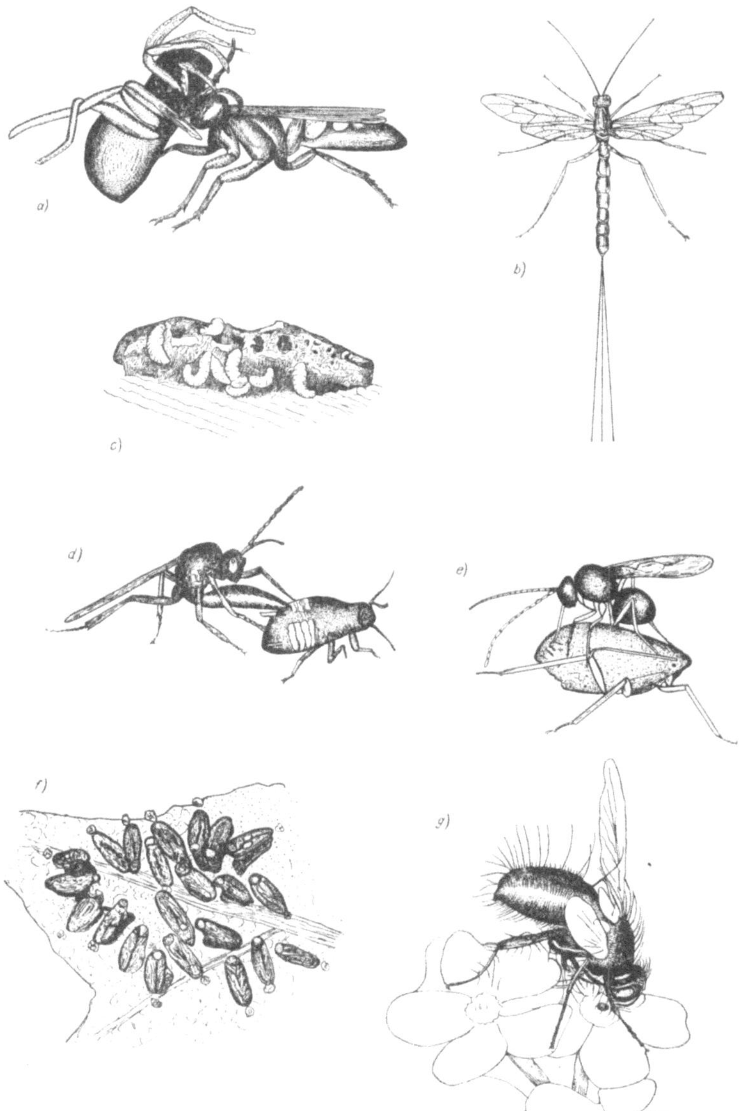
a)
b)
c)
d)
e)
f)
g)

Parasitismus und Räubertum, denen ein Mehrfaches der Zeit zur Verfügung stand, in so verschiedener Form vorkommen und daß diese Ernährungsweisen in Anpassung an unterschiedliche Größe, Aufenthaltsorte und Abwehrmethoden ihrer Opfer eine unübersehbare Fülle von Arten und die unterschiedlichsten strukturellen und ethologischen Spezialisationen hervorgebracht haben.

Entomophage Insekten gibt es in der Mehrzahl der Insektenordnungen. Eine grobe Orientierung gibt die Tabelle 1, in der die Ur-Insekten, in Mitteleuropa nicht vorkommende und einige in diesem Zusammenhang bedeutungslose Ordnungen weggelassen wurden. Man erkennt, daß 15 der 18 Ordnungen räuberische Arten aufweisen, während nur 4 ganz oder teilweise parasitisch von anderen Insekten leben. Räuber nehmen häufig auch Beutetiere aus anderen Tierklassen (z. B. Milben, Spinnen, Regenwürmer, Kleinkrebse) an. Dagegen hat der über die Insekten hinausgehende Parasitismus eine vergleichsweise geringe Bedeutung, wenn man von den Blutsaugern absieht. Der letzte halbe Satz ist allerdings anfechtbar, weil hier recht verschiedene Dinge unter einer Bezeichnung zusammengefaßt wurden. Man muß nämlich zwei ver-

←

Abb. 6. Beispiele für parasitische Insekten

a) Wegwespe (Pompilidae) beim Abtransport einer gelähmten Spinne. Beispiel für die Beschränkung der Wirksamkeit von Entomophagen durch ihre eigenen Gegenspieler. (Die Zuordnung der Weg- und Grabwespen zu Parasiten oder Raubinsekten bleibt unbefriedigend)

b) *Rhyssa persuasoria* (Ichneumonidae), ♀

c) Schlüpfen der reifen Larven von *Apanteles glomeratus* (Braconidae) aus einer Raupe des Großen Kohlweißlings (*Pieris brassicae*)

d) Eiablage eines Blattlausparasiten (*Lysiphlebus fabarum*: Aphidiidae)

e) Eiablage eines Hyperparasiten, einer Charipide (Cynipoidea), in eine von einer Aphidiide parasitierte Blattlaus

f) Puppen einer Erzwespe (*Cratotechus* spec.: Eulophidae) nach Verlassen des Wirtes, einer Raupe

g) Raupenfliege (Tachinidae, lange, struppige Behaarung!) beim Blütenbesuch

schiedene Formen des Parasitismus (oder der Parasitie) unterscheiden:

> Parasiten im Sinne der Entomologie sind Insekten, die ihren Wirt abtöten.
> Parasiten im Sinne der Medizin und Veterinärmedizin (also Parasiten bei Wirbeltieren) pflegen ihre Wirte nicht zu töten. Stirbt der Wirt vorzeitig ab, so stirbt der Parasit meist ebenfalls, falls es sich nicht um einen Ektoparasiten handelt, der unschwer einen neuen Wirt aufsuchen kann.

Parasiten im letztgenannten Sinn gibt es allerdings auch innerhalb der Insekten. So stechen nicht wenige Schlupfwespen potentielle Wirte statt zur Eiablage zur eigenen Ernährung an und saugen Hämolymphe, wobei das Opfer nicht unbedingt zugrunde gehen muß, kleine Gnitzen (Ceratopogonidae) können an Florfliegenflügeln Blut saugen usw. In anderen Fällen wird der Wirt bei Schlupfwespen sowohl zur Eiablage als auch zur Ernährung genutzt. Ein solcher Parasitismus ist höchstens Nebeneffekt biologischer Bekämpfungsmaßnahmen und nicht gemeint, wenn nachfolgend von Parasitismus gesprochen wird.

Parasiten im entomologischen Sinn unterscheidet man auch als Parasitoide von den Parasiten im medizinischen Sinn. Da es bei Ableitungen von diesem Begriff rein verbale Schwierigkeiten gibt und in der Regel aus dem Zusammenhang ohne weiteres ersichtlich ist, worum es sich handelt, hat sich diese Differenzierung im Sprachgebrauch jedoch nicht eingebürgert. Auch im folgenden werden Parasitoide einfach als Parasiten bezeichnet.

Es scheint angebracht, an dieser Stelle einige weitere Begriffserklärungen anzufügen und zunächst, soweit das überhaupt möglich ist, parasitische und räuberische Lebensweise gegeneinander abzugrenzen.

— Parasiten im Sinne der Entomologie (Parasitoide) benötigen zu ihrer Entwicklung nur ein Individuum, das als Wirt bezeichnet wird, und töten dieses ab. Die Imagines ernähren sich anders als die Larven (oft als Blütenbesucher).

— Räuber (Episiten oder Prädatoren[1]) benötigen zu ihrer Entwicklung mehrere Individuen. Bei sehr vielen Arten unterscheiden sich Larven und Imagines nicht wesentlich in der Ernährungsweise.

Abgrenzungsschwierigkeiten zwischen Parasitismus und Räubertum gibt es z. B. bei Grab- und Wegwespen, deren Weibchen sich beim Beutefang eher wie Räuber (z. B. Faltenwespen) verhalten, die ihre Beute aber, wie viele Parasiten, meist lähmen, und bei denen oft auch nur ein Beutetier je Larve benötigt wird. Umgekehrt müßten bei exakter Anwendung der Definition einige Schlupfwespen im Gegensatz zu ihrer nächsten Verwandtschaft zu den Raubinsekten gestellt werden, weil sich ihre Larven in den Eikokons von Spinnen oder den Eimassen von Schildläusen entwickeln.

Schlupfwespen, die ihre Opfer bei der schon erwähnten Form der Nahrungsaufnahme abtöten, wären gleichzeitig Räuber. Ihre Wirksamkeit kann dabei übrigens der ihres Parasitismus im Ausmaß gleichkommen. So töteten *Ephialtes*-♀♀ bis zu 120 Apfelwicklerlarven durch ihre Nahrungsaufnahme, während die Eizahl bis 150 betrug. *Aphelinus semiflavus* vernichtet durch seine Nahrungsaufnahme 3 bis 5 Blattläuse am Tag.

Raubinsekten pflegen weniger stark spezialisiert zu sein als Parasiten. Polyphage Arten (die Beutetiere aus verschiedenen Insektenordnungen fressen) dürften häufiger sein als pleophage (die Beutetiere aus verschiedenen verwandten Familien einer Ordnung überwältigen) oder gar oligophage (deren Wirtsbeziehungen sich auf eine Familie beschränken). Es gibt auch polyphage Parasiten, z. B. Schlupfwespen, die sich sowohl in Raupen wie in Blatt-

[1]) von lat. praedator, Plünderer, Beutemacher; es besteht daher kein Anlaß, neuerdings die englische Schreibung predator zu übernehmen

wespenlarven entwickeln können, jedoch überwiegen hier pleo- und oligophage Arten. Monophagie, d. h. Beschränkung auf eine Wirtsart, dürfte dagegen selten sein.

Raubinsekten sind großenteils während der ganzen Vegetationsperiode wirksam, wobei Larven und Imagines abwechselnd oder gleichzeitig vorhanden sein können. Bei Parasiten gibt es dagegen oft ein für den Erfolg biologischer Bekämpfungsmaßnahmen entscheidendes Koinzidenzproblem, d. h. die relativ kurze Fortpflanzungsperiode muß mit dem Auftreten eines ganz bestimmten für die Eiablage geeigneten Stadiums des Wirtes zusammenfallen. Um die vielfältigen Erscheinungen des Parasitismus zu beschreiben und einzuordnen, werden einige Fachtermini benötigt:

— Solitäre Parasiten sind Arten, bei denen jede Larve einen Wirt für sich benötigt. Bei Mehrfachbelegung sterben überzählige Larven ab.
— Gregäre Parasiten entwickeln sich dagegen zu mehreren oder in großer Zahl in einem Wirt. In einem Insektenei können sich z. B. 20 Trichogrammen, in einer Raupe des Großen Kohlweißlings über hundert *Apanteles glomeratus* (Braconidae) entwickeln.
— Hyperparasiten sind Sekundärparasiten oder Parasiten höheren Grades, die einen Primär-, einen Sekundär- oder Tertiärparasiten angreifen.

→

Abb. 7. Beispiele für räuberische Insekten

a) bis c) Marienkäfer (Coccinellidae), a) und b) Larven, a) eine Larve mit Wachsbedeckung, wie sie für die Scymnini charakteristisch ist

d) Florfliegenlarve (*Chrysopa* spec.). In der Regel tragen die starken, auf Warzen stehenden Rückenborsten einen tarnenden Ballen aus Blattlaushäuten und anderen Partikeln

e) Blumenwanze (Anthocoridae) beim Aussaugen einer Blattlaus

f) Schwebfliege (Syrphidae) bei der Eiablage an eine Blattlauskolonie

g) räuberische Schwebfliegenlarve

h) Rote Waldameise (*Formica* spec.) beim Abtransport einer Gespinstblattwespenlarve

i) Großer Puppenräuber (*Calosoma sycophanta*)

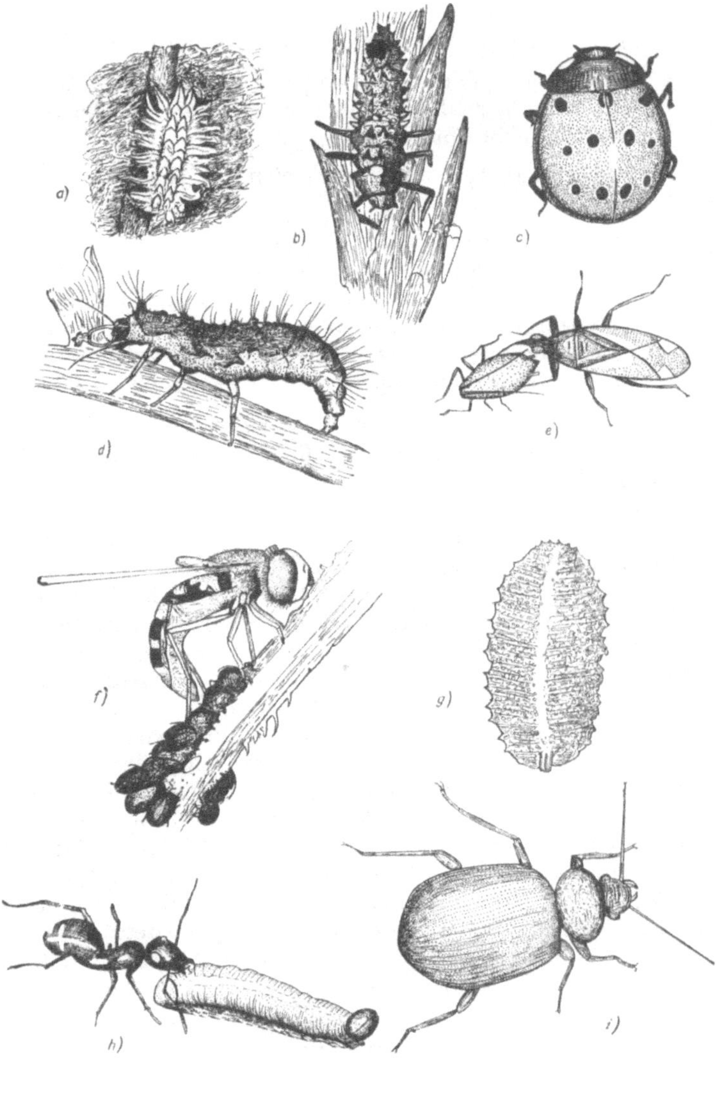
a)
b)
c)
d)
e)
f)
g)
h)
i)

— Multiparasitismus (Coparasitismus) ist das Nebeneinander von 2 Parasitenarten im gleichen Wirt.

— Superparasitismus ist dagegen die Belegung eines Wirtes durch 2 oder mehr ♀♀ der gleichen Art, die auf diese Weise ihr Fortpflanzungspotential verschwendet.

— Endoparasiten entwickeln sich im Inneren ihres Wirtes,

— Ektoparasitenlarven sitzen ihm (meist in Kokons, Fraßgängen oder sonstigen Hohlräumen) äußerlich an. Lähmung des Wirtes beim Anstich ist bei Ektoparasiten sehr verbreitet. Bei manchen Arten wechseln in der Larvalentwicklung ekto- und endoparasitische Phasen miteinander ab.

Hyperparasiten schränken die Wirksamkeit von Parasiten oft sehr stark ein (Abb. 8). Man ist daher im allgemeinen bei Importen von Parasiten sorgsam bemüht, keine Hyperparasiten mit ins Land zu lassen. Gelegentlich kann eine Art bald Primär- bald Hyperparasit sein. Das jeweilige Verhalten richtet sich meist nach dem Wirtsangebot, es gibt jedoch auch recht eigentümliche Formen des Wechsels zwischen Primär- und Hyperparasitismus: Bei *Prospaltella perniciosi*, einer in der Bekämpfung der San-José-Schildlaus (*Quadraspidiotus perniciosus*) u. a. auch im Südwesten der BRD bewährten Erzwespe (Chalcidoidea), entwickeln sich die ♀♀ durchweg als Primärparasiten, die ♂♂ aber als Hyperparasiten der ♀♀ der eigenen Art. Hyperparasitismus gibt es vor allem bei den Gallwespen (Cynipoidea), den Erzwespen (Chalcidoidea) und den Zehrwespen (Proctotrupoidea). Bei den Schlupfwespen im engeren Sinne (Ichneumonidae) und den Brackwespen (Braconidae) ist er seltener, bei den Raupenfliegen (Tachinidae) gibt es keine Hyperparasiten.

Aus dem Gesagten geht hervor, daß keineswegs alle Insekten, die man beim Anstich eines Schädlings beobachtet oder daraus züchtet, als nützlich im Sinne der natürlichen Kontrolle oder als Kandidaten für eine biologische

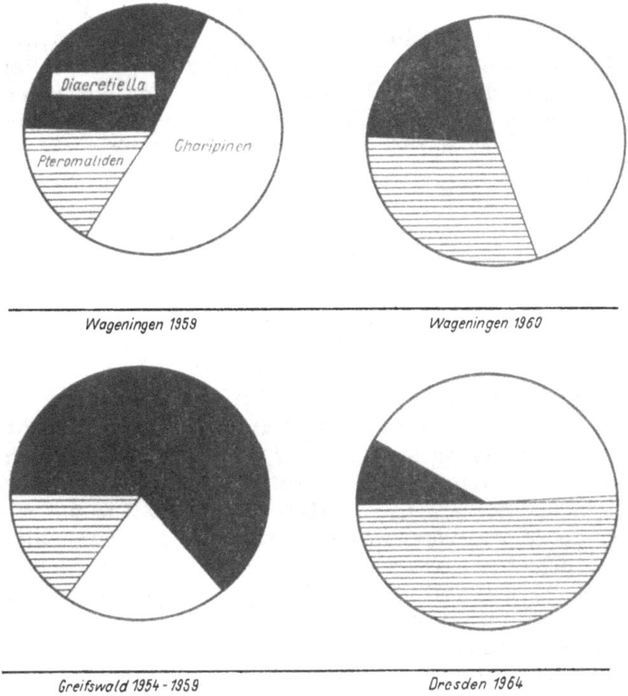

Abb. 8. Anteil des Kohlblattlausparasiten *Diaeretiella rapae* (Aphidiidae) und seiner Hyperparasiten am Schlupfergebnis der im Verlaufe einer oder mehrerer Vegetationsperioden gesammelten Blattlausmumien. (Der Darstellung liegen Angaben von HAFEZ, SEDLAG und PAETZOLD & VATER zugrunde)

Bekämpfung angesehen werden dürfen. Auch ein guter Kenner der betreffenden Gruppe kann eine solche Feststellung nur für einen Teil der Arten treffen.

Monophage Parasiten — und an einem bestimmten Ort und in einem bestimmten Ökosystem sind oligophage Parasiten wahrscheinlich häufig de facto monophag — müssen mit ihrem Wirt durch den Engpaß des Populationsminimums hindurch. Dabei liegt ihre Dichte im Fall solitärer Arten noch unter der des Wirtes, denn sonst würde dieser lokal ausgerottet. Treten für einen Wirt günstige Bedingungen ein, die dazu führen, daß z. B. die witterungsbedingte Mortalität stark absinkt, kann der Parasit mit dem Populationsanstieg des Wirtes nicht Schritt halten. Er kann zwar durch das höhere Wirtsangebot sein Fortpflanzungspotential besser nutzen, der Prozentsatz parasitierter Wirte geht jedoch zurück und in der Regel kann der Parasit erst im Laufe der nächsten Generationen aufholen. Das Hinterherhinken der Parasiten hinter massenvermehrten Schädlingen hält an, solange die Umweltbedingungen den Wirt so begünstigen, daß seine Fortpflanzungsrate erhöht und/oder die Mortalität niedriger als normal ist. Daraus darf jedoch nicht auf die Bedeutungslosigkeit der Parasiten geschlossen werden, denn das Ausmaß von Schäden wäre ohne ihr Wirken viel größer, insbesondere würde der Zusammenbruch der Massenvermehrung nicht mit solcher Schnelligkeit erfolgen, wie man sie häufig beobachtet. Schwächen sich die Faktoren ab, die die Massenvermehrung ermöglichten, reichen nämlich plötzlich die ebenfalls massenvermehrten Parasiten aus, um den größten Teil der Wirte zu belegen. In dieser Phase wird die Bedeutung der Parasiten oft überschätzt, da man leicht übersieht, daß die Ursache für den Rückgang, der erst die hohe Parasitierung ermöglichte, etwa in Nahrungsverknappung oder genetischen Veränderungen der Population lag.

Weniger stark spezialisierte (pleo- oder polyphage) Parasiten und Räuber können auf Kosten mehrerer Wirts- bzw. Beutearten ständig eine gewisse Populationsdichte halten und sind daher eher in der Lage, in den Anfangsstadien einer Vermehrungsperiode so wirksam zu werden, daß es gar nicht erst zu nennenswerten Schäden kommt. Sie halten jedoch oft noch weniger mit der Massenvermehrung eines Schädlings mit, z. B. deswegen, weil ihre Generationszahl abweicht oder die Entwicklungszeit räuberischer Insekten so lange dauert, daß ihnen nicht in allen Stadien das Überangebot an Beute zur Verfügung steht.

4.1.2. Die Förderung einheimischer Arten

Um die Wirksamkeit einheimischer Gegenspieler zu fördern, sind verschiedene Methoden vorgeschlagen und in begrenztem Maße auch praktiziert worden.

a) Zusatzfütterung. Die meisten Parasiten müssen als Imagines Nahrung aufnehmen, um ihre mögliche Lebenszeit zu erreichen und ihr Fortpflanzungspotential voll entfalten zu können. Die in Holzwespen parasitierende Ichneumonide *Rhyssa persuasoria* lebte z. B. in Versuchen ohne Nahrung nur 9 Tage, während die mit Kohlenhydraten gefütterten Kontrolltiere 45 bis 55 Tage erreichten. Hungernde Tiere waren darüber hinaus in Suchverhalten und Eiablagetätigkeit beeinträchtigt. Auch Schwebfliegenimagines müssen Nahrung aufnehmen.

Sieht man von der auf bestimmte Arten beschränkten Aufnahme von Hämolymphe der Wirte ab, so gibt es für die Imaginalernährung von Schlupfwespen und Schwebfliegen nur zwei Möglichkeiten, den Blütenbesuch und das Auflecken des süßen Kotes von Pflanzensaugern, namentlich Blattläusen.

Fütterungsmöglichkeiten bestehen in der Anlage von Futterstellen, an denen Zuckerwasser oder Honiglösungen geboten werden. Solche Futterstellen sind Bestandteile komplexer Maßnahmen, die in der VR Polen in forstlichen Dauerschadgebieten eingeleitet wurden (s. S. 177). In den USA erzielte man eine Reduktion schädlicher Blattläuse durch Versprühen „künstlichen Honigtaus“, der aus Zucker und/oder aus Hefehydrolysaten bestand. Er hielt Coccinelliden und Chrysopiden in nahrungsarmer Zeit an Ort und Stelle und bewirkte zudem eine Erhöhung ihrer Fruchtbarkeit. Häufiger vorgeschlagen und gelegentlich auch praktiziert ist der Anbau von Blütenpflanzen in Wäldern, in denen oft ein großer Mangel an Blüten herrscht, oder am Rande von Feldkulturen. Feldraine sind weitgehend verschwunden, und auf den Kulturflächen gibt es infolge Herbizideinsatzes viel weniger blühende Pflanzen als früher. Auch an Straßenrändern und Bahnanlagen wird, oft sicher ohne zwingende Notwendigkeit, das Aufkommen einer blühenden Unkrautflora kaum geduldet. Damit ist die zweifellos vielen Parasiten und Prädatoren die Möglichkeit genommen, wirksame Populationsdichten zu erreichen.

In der UdSSR werden Blütenpflanzen besonders auf Kohlfeldern und in Obstplantagen angebaut. In Obstanlagen sät man vor allem Buchweizen (*Fagopyrum esculentum*), Senf (*Sinapis alba*) und Dill (*Anetum graveolens*). Oft handelt es sich um Flächen, auf denen auch andere biologische Bekämpfungsmaßnahmen, besonders Aussetzungen von Parasiten, durchgeführt werden. Der Mehrertrag an Äpfeln durch Anbau der genannten Pflanzen wird auf 10% veranschlagt. Etwa 3 bis 5 m breite Randbeete mit Dill sollen bis 700 m in den Kohlbestand hinein zu einer Erhöhung der Syrphidenzahl führen. In der Ukraine stellte man in der Nähe von Gärten eine 48- bis 79prozentige Parasitierung der Rübenmotte (*Phthorimaea ocellatella*) durch die spezialisierte Tachine *Catharosia pygmaea* fest. In größerer Entfernung vom Feldrand betrug sie dagegen nur 4,4 bis 7%. Als man Dill zwischen die Fütterrüben säte, stieg die Parasitierung in den nächsten Jahren auf 81 bis 99%. In 15 kanadischen Apfelanlagen, die nach ihrem Unterwuchs an Blütenpflanzen in drei Gruppen unterteilt wurden, zeigte sich der Einfluß der Begleitpflanzen auf die Parasitierung dreier Schädlingsarten sehr deutlich (Tab. 2)

Trotz der zitierten ermutigenden Beobachtungen müssen die ökonomischen Auswirkungen derartiger Maßnahmen als noch ungeklärt gelten, so lange nicht mehrjährige Untersuchungsergebnisse vorliegen und auch Aufwand und Ertragsausfälle durch Inanspruchnahme nutzbarer Flächen in die Berechnungen eingehen. Zu berücksichtigen ist ferner, daß Wildpflanzen Schädlingen Winterquartiere bieten und Krankheitserreger beherbergen können. Im Falle der Notwendigkeit eines Insektizideinsatzes ist schließlich mit höheren Bienenverlusten zu rechnen.

Tabelle 2

Einfluß von Armut und Reichtum an Blütenpflanzen auf die Parasitierung dreier Schädlingsarten in kanadischen Obstanlagen (nach LEIUS 1967)

	Unterwuchs arm	mittel	reich
	Parasitierung in %		
Malacosoma neustria			
Puppen	4	20	65
Eier	1	2	4
Laspeyresia pomonella u. *Grapholitha prunivora* (Raupen)	7	18	34

Der zusätzliche Anbau von Blütenpflanzen dürfte sich am ehesten dann durchsetzen, wenn er zugleich als Bienenweide und als Grünfutter zu Buche schlägt (Phacelia- und Seradella-Anbau). Auch mit der Zielstellung, unsere verarmte Landschaft für Erholungssuchende wieder abwechslungsreicher zu gestalten, ließe sich der Anbau blühender Kräuter oder Sträucher an Straßenrändern und Böschungen sowie die Einschränkung der Herbizidanwendung motivieren und propagieren.

b) Darbieten von Ausweichwirten oder -beute. Für univoltine Schädlinge (d. h. solche mit einer Generation im Jahr) können auch unspezialisierte plurivoltine Parasiten Bedeutung haben. Diese müssen natürlich in den „überzähligen Generationen“ auf andere Wirtsarten zurückgreifen. Die Verfügbarkeit von Ausweichwirten kann sich aber auch bei vollständiger Koinzidenz günstig auswirken, da sie ermöglicht, eine höhere Parasitenpopulation zu erhalten, wenn die Schadart aus natürlichen Ursachen oder infolge einer notwendigen chemischen Bekämpfung fast völlig verschwunden ist. Bei migrierenden Blattläusen können durch solche Ausweichwirte Parasiten bereitgehalten werden, die schon beim Zuflug schädlicher Arten wirksam werden.

Als Reservate für Ausweichwirte und damit Parasiten eignen sich vielseitige Pflanzenbestände, wie sie sich in Unkrautgesellschaften und Feldgehölzen zusammenfinden. In einförmigen Nadelwäldern sind eingesprengte lichte Laubholzbestände geeignet. Für tropische und subtropische Obstplantagen hat STARÝ den Anbau bestimmter Hecken- und Randpflanzen vorgeschlagen. Zum Beispiel beherbergt das in Südeuropa häufig angebaute Pfahlrohr *Arundo donax* die Blattlaus *Longiunguis donacis*, in der sich *Aphidius transcaspicus*, ein wichtiger Parasit der an Pfirsich schädlichen Blattlaus *Hyalopterus pruni*, entwickelt. Für weitaus die meisten Begleitarten („Unkräuter") ist dagegen — nicht zuletzt wegen des Mangels an Spezialisten, die zuverlässige Bestimmungen vornehmen können — auch im relativ gut durchforschten Mitteleuropa noch unbekannt, wie ihre Parasitenfauna im einzelnen mit der der Kulturpflanzen verzahnt ist.

Feldgehölze oder Restbestände von Wildpflanzen sind ebenso für die Erhöhung der Populationsdichte von Raubinsekten geeignet, die auf angrenzenden Kulturflächen nur vorübergehend Nahrung finden und oft bei der Ernte zur Abwanderung gezwungen sind. Auch als Winterquartiere für Nutzinsekten können sie Bedeutung erlangen und schließlich eventuell noch insektivoren Vögeln Brutmöglichkeiten bieten. Die Problematik der Erhaltung und Schaffung derartiger Reservate für die natürliche Kontrolle ist die gleiche wie die der zusätzlichen Nahrungsquellen, zumal ein vielseitiger Pflanzenbestand mehr oder weniger gut beide Funktionen gleichzeitig erfüllt.

c) Zum Schutz von Nestern der Roten Waldameisen (mehrere *Formica*-Arten) sind die bekannten pyramidenförmigen, mit Maschendraht bespannten Schutzgestelle zu empfehlen. Sie verhüten größere Schäden durch Spechte, die die Haufen besonders im Winter plündern, sie haben aber besondere Bedeutung in der Nähe von Wegen, an denen Puppensucher und unverständige Ausflügler die Entwicklung der Kolonien und die Wirksamkeit als Schädlingsvertilger in starkem Maße beeinträchtigen können.

4.1.3. Künstliche Ausbreitung einheimischer Arten

Tiere pflegen ihr Verbreitungsgebiet (Areal) nicht so lückenlos zu besiedeln, daß sie wirklich an allen geeigneten Stellen vorkommen. Änderungen im Pflanzenbestand führen zu Änderungen der Insektenfauna, die auf neugeschaffene Existenzmöglichkeiten mit der Zuwanderung pflanzenfressender Arten reagiert, denen die Parasiten unter Umständen erst mit einer gewissen Verzögerung folgen. Auch geeignete Raubinsekten kommen nicht in jedem beliebigen Biotop vor, zumal sie meist entweder nur am Boden oder nur in einer bestimmten Pflanzenschicht jagen. Bekämpfungsmaßnahmen, aber auch natürliche Katastrophen, löschen einzelne Arten lokal aus, so daß auch in diesem Falle eine Neueinwanderung erforderlich ist, die eine gewisse Zeit benötigt. Insbesondere erfolgt die Ausbreitung kleiner Arten sehr langsam, selbst wenn sie flugfähig sind, sich aber nicht — wie die Blattläuse — so hoch in die Luft erheben, daß sie vom Wind erfaßt und passiv verdriftet werden. Schließlich hören im Randgebiet des Areals die geeigneten Lebensbedingungen nicht abrupt auf, sondern sie werden zur Peripherie hin allmählich schlechter und da die dafür maßgeblichen Faktoren von Jahr zu Jahr in unterschiedlichem Maße wirksam werden, wird die Art bald zurückgedrängt, bald kann sie wieder vorstoßen.

Es gibt also eine Reihe von Gründen für eine lückenhafte Verbreitung förderungswürdiger Arten innerhalb ihres Areals. Durch ihre künstliche Ausbreitung kann man natürliche Vorgänge beschleunigen und die Regulationsfähigkeit der Lebensgemeinschaften erhöhen. Diese sogenannte „intraareale Ausbreitung“ wird vor allem in der UdSSR propagiert und praktiziert. Sie hat in der Regel jedoch noch eine andere Motivierung und Zielstellung, nämlich die zahlenmäßige Verstärkung an sich vorhandener Gegenspieler. Diese kommt vor allem im Forst in Frage, wo die Großschädlinge mehrjährige Gradationen zu haben pflegen. Bei deren Zusammenbruch ist es oft möglich, mit relativ geringem Aufwand parasitierte oder kranke Insekten, u. U. auch Episiten, einzusammeln, um sie an Orte zu bringen, an denen die Gradation erst anläuft und die Schädlingspopulation gesund und nur in schwachem Maße parasitiert ist. In kleinen Ländern, wie der DDR, sind die Möglichkeiten hierfür kaum gegeben, da zwischen den Stadien der Massenvermehrung eines bestimmten Insektes in verschiedenen Gebieten nur geringe Unterschiede bestehen.

Daß die intraareale Ausbreitung keine größere Rolle spielt, hat daneben andere Gründe:

Strebt man bei Parasiten einen Effekt an, der sich schnell bemerkbar macht und nicht erst durch die Larven der übernächsten Generation oder noch später eintritt, braucht man sehr große Mengen. Krankheitserreger haben in der Regel ein zu geringes Ausbreitungsvermögen, um bald nach der Ausbringung wirksam zu werden (es sei denn, man stellt aus Viren verspritz- und versprühbare Suspensionen her und bringt diese entsprechend aus).

Zur intraarealen Ausbreitung gehört auch das Einsammeln großer Mengen von Marienkäfern (Coccinellidae), die sich namentlich in Gebirgen oft in so großen Mengen zur Überwinterung zusammenfinden, daß es leicht möglich ist, sie kilogramm- oder gar dezitonnenweise zu beschaffen. In den USA wurden sie lange Zeit gehandelt, und auch in der UdSSR spielte die Gewinnung der Käfer an den Überwinterungsplätzen eine Rolle. Dieses Verfahren, das wahrscheinlich noch nicht ganz außer Gebrauch gekommen ist, hat aber nur eine begrenzte Wirkung, da die Käfer ohnehin im Frühjahr in die Ebene zurückgewandert wären und ihr Wandertrieb dazu führt, daß sie sich bald zerstreuen, so daß die zur Aussetzung benutzte Fläche nur vorübergehend einen stärkeren Schutz genießt. In verschiedenen Ländern Europas hat man große Anstrengungen unternommen, um die Roten Waldameisen an Stellen anzusiedeln, an denen sie fehlen. Insbesondere hatte die vor allem gegen den Pinienprozessionsspinner (*Thaumetopoea pityocampa*) gerichtete Ausbreitung von *Formica lugubris* im Apenin sowie auf Sardinien und Elba vor einer Reihe von Jahren sehr große Ausmaße angenommen. Man konnte dabei auf reiche Ameisenbestände in den Alpen zurückgreifen, wo nicht weniger als 250000 Nester erfaßt und hinsichtlich der Artzugehörigkeit determiniert wurden. In der DDR gibt es in Sachsen und Thüringen außerordentlich ameisenarme Wälder, die ein gutes Beispiel dafür bieten, daß Raubinsekten oder Parasiten an durchaus geeigneten Stellen fehlen können. Aber auch in anderen Gegenden haben wir nur lokal einen so dichten Ameisenbestand, wie ihn die Fläche ernähren könnte.

Ameisen können je nach Größe des Volkes die Bäume bis in 15 oder 18 m Entfernung insbesondere vor Schäden schützen, die durch Kiefernspanner (*Bupalus piniarius*), Forleule (*Panolis flammea*) und Kiefernspinner (*Dendrolimus pini*) hervorgerufen werden. Bei Nonne (*Lymantria monacha*), Kiefernbuschhornblattwespen (*Diprion* spp.), insbesondere aber bei Eichenwickler (*Tortrix viridana*) und Kleiner Fichtenblattwespe (*Pristiphora abietina*) werden die Ameisen dagegen wegen des frühen Auftretens der Schädlinge oder ihrer schnelleren Entwicklung erst gegen Ende der Fraßperiode wirksam. Ihr Nutzen dürfte daher in diesem Fall eher in der (wegen Überfluges der eierlegenden ♀♀) bei geringer Ausdehnung der hinreichend dicht mit Ameisen besiedelten Fläche kaum deutlich erkennbaren Verminderung von Schäden im Folgejahr liegen. Eine begrenzte Schutzwirkung ist auch bei weiteren Schädlingen möglich. Schließlich ist sicher als positiv zu werten, daß bei Anhebung des Ameisenbestandes die Vogeldichte zunimmt und die auf Blattlauskot basierende, sehr bedeutungsvoll gewordene Waldtracht der Bienenvölker nicht unwesentlich ansteigt. Es wäre daher naheliegend, auch bei uns in ameisenarmen Revieren künstliche Nestgründungen vorzunehmen.

Dazu werden aus einem volkreichen Nest etwa 150 Liter Nestmaterial entnommen und am Ansiedlungsort über einem Baumstumpf ausgeschüttet. Entnimmt man das Material im Frühjahr, wenn auch die ♀♀ zum Sonnen herauskommen, oberflächlich oder später aus der Mitte des Nestes, enthält es bei der besonders geeigneten Kahlrückigen Waldameise (*Formica polyctena*) meist genügend ♀♀. Man kann deren Zahl jedoch auch durch Beigabe von (großen) Puppen von Geschlechtstieren erhöhen oder dadurch, daß man beim Schwärmflug ♀♀ abfängt und diese der neubegründeten Kolonie hinzufügt. Sind in der Umgebung andere Nester der gleichen Art vorhanden, kann man auch damit rechnen, daß weisellose Kolonien auf natürlichem Wege zu ♀♀ kommen, sofern die Begründung kurz vor der Flugzeit erfolgt. Die neuen Kolonien sollten mit einer Schutzhaube aus Drahtgeflecht versehen werden, wenn diese auch nur einige Jahre Lebensdauer hat. Bei älteren Nestern erwies sich ein winterlicher Schutz durch Reisigbedeckung als ausreichend.

Gegenwärtig wird in der DDR nur an wenigen Stellen Ameisengehege und -umsiedlung betrieben. Eine der Hauptursachen dafür ist der relativ hohe Arbeitsaufwand. Zudem mußte Otto, der die mit der Ameisenausbreitung in Zusammenhang stehenden Fragen näher untersuchte, feststellen, daß für etwaige Großaktionen kein ausreichender Ausgangsbestand verfügbar wäre. Im Durchschnitt sind in der DDR nämlich nur schätzungsweise 4,6 Nester/100 ha vorhanden, während 1959 in den italienischen Alpen 180/100 ha und im Südwesten der BRD 13 Nester/100 ha (1927 im gleichen Gebiet noch 50/100 ha!) gezählt wurden. Zu berücksichtigen ist ferner, daß der Einsatz moderner und hochproduktiver Technik leider häufig zu unvermeidlichen Zerstörungen der Ameisenkolonien führt. Es darf auch nicht verschwiegen werden, daß es in der Nähe von Ameisennestern zu Zuwachsverlusten infolge stärkerer Vermehrung bestimmter Baumläuse (Lachnidae) kommt, und daß die erwähnten umfangreichen Ansiedlungsaktionen in Südeuropa nicht den gewünschten Erfolg hatten.

Schließlich ist auch die Kostenfrage ein entscheidender Faktor, der der Ameisenhege- und Ausbreitung entgegensteht. Der Aufwand für eine Kolonie belief sich in den Untersuchungen von Otto auf etwa 40 M ohne und 58 M mit Schutzhaube. Um einen Hektar zu schützen, brauchte man demzufolge etwa 160 bis 200 M, während eine aviochemische Behandlung damals rund 25 M/ha kostete. Diese Relation hat sich durch Übergang zu anderen Bekämpfungsmitteln und Lohnerhöhung nicht wesentlich verändert. Mit einer gewissen Berechtigung hat man gegen eine derartige Berechnung eingewendet, daß dabei ein Dauerschutz mit einer einmaligen Bekämpfung verglichen wird. Tatsächlich kann die Erhöhung des Ameisenbesatzes in traditionellen Dauerschadgebieten sicher mehrere Begiftungen überflüssig machen und zusätzlich Schäden unterhalb der ökonomischen Schadschwelle verhindern. Das trifft aber eben nur für einen kleinen Teil der Waldfläche zu. Bei den genannten und anderen Bestandesschädlingen (zusammengenommen) beträgt der durchschnittliche Abstand zwischen zwei Applikationen von Insektiziden in der DDR etwa 140 Jahre, während eine erhöhte Ameisenpopulation kaum den nächsten Kahlschlag überleben dürfte.

Für eine intraareale Ausbreitung kommen auch insektizidtolerante oder -resistente Stämme an sich bereits vorhandener Gegenspieler in Frage. So wurden in den USA praktische Einsatzversuche mit im Freiland festgestellten insektizidresistenten Raubmilben (*Typhlodromus occidentalis*) gemacht, die die Anwendung von Akariziden gegen Spinnmilben entbehrlich machten, da sie trotz der durchzuführenden Insektenbekämpfungen zahlreich genug waren, um die Spinnmilben in Schach zu halten. Das Auftreten resistenter Prädatoren und Parasiten im Freiland ist jedoch eine große Seltenheit. 1975 kannte man nur von 7 ihrer Arten Insektizidresistenz, 5 davon waren Raubmilben. Dazu kamen 2 Brackwespenarten, die im Labor auf Resistenz gezüchtet worden waren.

4.1.4. Einbürgerung faunenfremder Arten

Zu den eindrucksvollsten Beispielen biologischer Bekämpfungsmaßnahmen gehört der Import von Gegenspielern mit dem Ziel der Einbürgerung, die weitere Bekämpfungsmaßnahmen überflüssig macht.

Einbürgerungen versprechen vor allem dort Erfolg, wo ökologische Nischen unbesetzt sind. Das gilt für Inselfaunen, deren Biozönosen infolge schwerer Zugänglichkeit artenarm sind, und auf denen es infolgedessen auch wenige polyphage Epi- oder Parasiten gibt, die sich einem Schädling entgegenstellen könnten.

Neue freie ökologische Nischen werden überall dort geschaffen, wo eine Insektenart durch Einschleppung oder natürliche Ausbreitung ohne ihre Parasiten ins Land kommt. In vielen Fällen gehen einzelne Arten der neuen Heimat auf sie über, manchmal werden diese jedoch erst wirksam, nachdem Auslesevorgänge ihre Eignung für den neuen Wirt verbessert haben. Dabei kann es sich um eine Verbesserung der Annahme des neuen Wirtes durch die eierlegenden Weibchen, aber auch um die allmähliche Überwindung der Abwehr des Wirtes handeln, der „fremde" Parasiten meist als Ei oder Larve durch Abkapselung abtötet. Seltener ist das Umgekehrte der Fall: In Kanada bewährte sich der aus England eingeführte *Mesoleius tenthredinis* (Ichneumonidae) zunächst als Gegenspieler gegen die Große Lärchenblattwespe (*Pristiphora erichsonii*). Im Laufe der Zeit verlor der Parasit jedoch an Bedeutung, und es stellte sich heraus, daß in diesem Fall die Auslese zugunsten des Wirtes gewirkt hatte, der nunmehr in der Lage war, einen hohen Prozentsatz der frühen Entwicklungsstadien des Parasiten durch Abkapselung zu eliminieren. Dieses Beispiel verdient als wohl erstes einer Resistenzentwicklung gegen biologische Bekämpfungsmaßnahmen besondere Beachtung. Durch Import weiterer Herkünfte der gleichen Parasitenart, unter denen sich solche befanden, die der Einkapselung erfolgreich Widerstand leisteten, und zusätzliche Einführung einer anderen Schlupfwespenart (*Olesiocampe benefactor*) konnte die Parasitierung in der Zwischenzeit wieder merklich angehoben werden.

Auf den neu eingeschleppten Schädling gehen einerseits polyphage Arten über, andererseits Parasiten nahe verwandter Arten, bei denen es sich zugleich um nahe Verwandte der heimischen Parasiten zu handeln pflegt. Insgesamt ist die Zahl der Parasiten meist sehr viel geringer als in der Heimat, so daß die ökonomische Schadschwelle, die dort vielleicht nie erreicht wurde, leichter überschritten wird. Es kann auch sein, daß der eingeschleppte Schädling im neu gewonnenen Gebiet überhaupt keinen Parasiten antrifft, der ihn erfolgreich angreifen kann. Das ist z. B. (gemeint sind hier nur Insektenparasiten) beim Kartoffelkäfer (*Leptinotarsa decemlineata*) in Europa der Fall. Immer wenn nachgeführte Raubinsekten oder Parasiten nicht auf Konkurrenten stoßen, bestehen gute Chancen für ihre Einbürgerung. Im allgemeinen geht diese jedoch nicht so leicht vonstatten wie seiner Zeit die Ansiedlung der räuberischen *Rodolia cardinalis* (s. S. 14), die die biologische Bekämpfung mit einem Schlage populär machte, und die Zahl mißlungener Einbürgerungsversuche dürfte trotz erheblichen Aufwandes für die Vorbereitung, d. h. die Auslese geeigneter Arten und deren Massenzucht, größer sein als die erfolgreicher Importe.

Zum Teil sind es sicher klimatische Gründe, die eine Einbürgerung verhindern. In kühleren Klimaten müssen einzubürgernde Insekten tiefe Wintertemperaturen vertragen können und rechtzeitig in Diapause fallen oder Schlupfwinkel aufsuchen, um nicht durch unvollständige Entwicklung der Herbstgeneration hohe Verluste zu erleiden. Im Frühjahr und Herbst gibt es auch leicht Koinzidenzprobleme. Zum Beispiel ist die Wirksamkeit der Blutlauszehrwespe (*Aphelinus mali*), des in vielen Ländern (Abb. 9) bewährten Gegenspielers der Blutlaus (*Eriosoma lanigerum*) bei uns nur gering, weil Wirt und Parasit ihre Fortpflanzung im Frühjahr und Herbst infolge unterschiedlicher Temperaturansprüche zu verschiedener Zeit beginnen bzw. beenden.

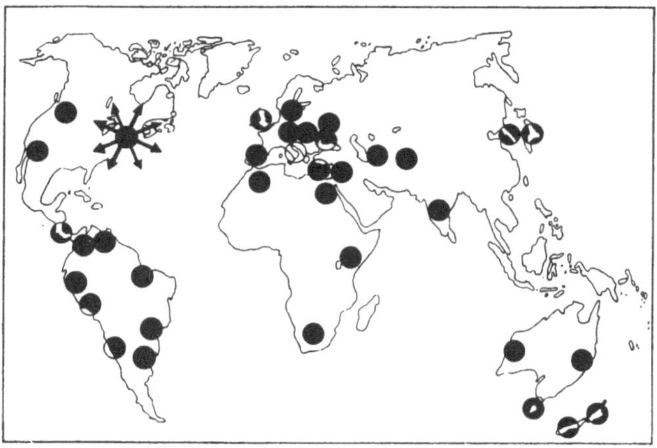

Abb. 9. Übersicht über die ab 1920 vorgenommene künstliche Ausbreitung der Blutlauszehrwespe (*Aphelinus mali*)

Bei bedeutenden Einbürgerungsversuchen dürfte es heute allgemein üblich sein, verschiedene Herkünfte auf ihre Eignung zu prüfen. In der Vergangenheit wurde der Tatsache, daß sich Populationen aus verschiedenen Teilen des Areals genetisch beträchtlich unterscheiden, jedoch zu wenig Rechnung getragen. Auch eine gezielte Auslese,

z. B. zur Erhöhung der Kältefestigkeit, könnte eine Einbürgerung ermöglichen, der ohne diese der Erfolg versagt bliebe. Andererseits kann eine große genetische Variabilität die Anpassung an die verschiedensten Anforderungen der neuen Umwelt erleichtern.

Wenn in wärmeren Ländern, in denen es kein Überwinterungsproblem gibt, wesentlich mehr erfolgreiche Einbürgerungen zu verzeichnen sind als in kühleren Klimaten, so hat das nicht ausschließlich klimatische Gründe. Teilweise handelte es sich um Inseln, großenteils wurden die Erfolge in Dauerkulturen und gegen Dauerschädlinge (namentlich Schildläuse) erzielt, bei denen die Voraussetzungen für eine biologische Bekämpfung wesentlich günstiger liegen als bei Feldkulturen, die einer Fruchtfolge unterworfen sind und deren Schaderreger nur vorübergehend verfügbar sind, während sie im nächsten Jahr in einer von vielen Arten nur schwer zu überwindenden Entfernung aufgesucht werden müssen.

Dafür, daß die Nachteile kühler Klimate leicht überschätzt werden und auch in Gebieten mit strengen Wintern Einbürgerungen möglich sind, bietet Kanada ein gutes Beispiel. In 90jährigen Bemühungen, bei denen es hauptsächlich um den Schutz der großen und schlecht zugänglichen Waldflächen ging, wurden hier 208 Epi- und Parasiten gegen 75 Schädlingsarten eingeführt. Unter ökonomischen Gesichtspunkten konnten immerhin 10% dieser Importe als erfolgreich bezeichnet werden.

Die Frage, ob einem spezialisierten Parasiten oder einer polyphageren Art der Vorzug zu geben ist, läßt sich nicht generell beantworten (s. auch S. 39). Sehr oft strebt man an, ganze Parasitenkomplexe aufzubauen, wie sie die meisten Insekten entsprechender Größe in der Heimat besitzen (bei kleineren Insekten sind die Parasitierungsmöglichkeiten beschränkt. So besitzen z. B. Collembolen keine Parasiten, während Blattläusen Eiparasiten fehlen). Dazu gehören in der Regel jeweils mehrere Eiparasiten, Parasiten, die die Larven vernichten und Parasiten, die aus der Puppe schlüpfen und diese teilweise auch erst belegen. In einem solchen Komplex finden sich meist Chalcidoidea, Braconidae, Ichneumonidae und Tachinidae, zu denen weitere Hymenopterengruppen kommen können. Generell kann man sich von einer derartigen Kette von Parasiten wohl eine größere Pufferwirkung versprechen als von ein oder zwei Arten, obwohl keinesfalls damit gerechnet werden darf, daß sich die Ausfälle durch verschiedene Parasiten einfach addieren. Andererseits gibt es in einem artenreichen Parasitenkomplex meist einige wenige Arten (z. B. 3 oder 4), die bedeutungsvoller sind als 2 oder 3 Dutzend weiterer. Es kann sogar sein, daß ein einzelner Parasit sich als genauso wirksam erweist, wie mehrere Arten im Zusammenwirken, bei dem ein Teil der Nachkommenschaft durch Multiparasitismus ausfällt. Der in Nova Scotia eingeschleppte Kleine Frostspanner (*Operophthera brumata*) wird nach bedeutendem Schadauftreten heute bei hoher Populationsdichte hauptsächlich durch die aus Europa importierte Tachine *Cyzenis albicans*, bei niedriger durch die ebenfalls ausgesetzte Schlupfwespe *Agrypon flaveolatum* wirksam parasitiert. In Europa ist *Cyzenis* dagegen fast bedeutungslos, weil sie durch den Multiparasitismus von 2 Ichneumoniden aus dem insgesamt über 60 Arten zählenden Parasitenkomplex schwere Verluste erleidet. Daher wird teilweise empfohlen, spezialisierte Parasiten zunächst einzeln einzubürgern oder nach gründlicher Untersuchung des Parasitenkomplexes des Herkunftslandes nur wenige, sich gut ergänzende Arten auszuwählen.

Andererseits wird geltend gemacht, daß dadurch ein erheblicher Zeitverlust entsteht, und sich die geignetste Art und evtl. auch noch ein oder zwei Begleitarten, die die Wirkung erhöhen, ohnehin gegenüber den anderen durchsetzen würden. Das mag in der Regel tatsächlich der Fall sein, andererseits kann die Wirksamkeit, wenn nicht gar die Einbürgerung, einer idealen Artenkombination (wie im Fall des Frostspanners) durch Multi- oder

Kleptoparasitismus auch beeinträchtigt werden, so daß trotz größerer Zahl der Parasitenarten ein geringerer Parasitierungserfolg resultiert. Zumindest sollte man die einzubürgernden Arten für die stabileren forstlichen Ökosysteme sehr sorgfältig auswählen und natürlich bemüht sein, die Miteinführung von Hyperparasiten zu vermeiden. Ebensowenig dürfen selbstverständlich Parasiten ins Land geholt werden, die sich in Raubinsekten entwickeln können.

Der Import von Gegenspielern hat auch beim Kampf gegen Spinnmilben (Tetranychidae) eine gewisse Bedeutung erlangt. Spinnmilben entwickeln dank kurzer Generationsdauer besonders schnell eine Pestizidresistenz. Ihre schnelle Entwicklung begünstigt auch eine Massenvermehrung nach Vernichtung der Prädatoren durch Insektizide oder Akarizide. Gegenspieler gibt es in verschiedenen Insektenordnungen, besondere Bedeutung haben aber Raubmilben. Manche Arten der Phytoseiiden benötigen für ihre Entwicklung bis zur Fortpflanzungsfähigkeit bei 25 °C nur 6 bis 9 Tage. Ihre bis zum Spätherbst anhaltende Aktivität beginnt im Frühjahr großenteils schon vor der der Beutemilben. Zudem können Raubmilben bei geringeren Beutedichten leben als räuberische Insekten.

Es ist daher kein Wunder, daß man oft versucht hat, sie für die Bekämpfung nutzbar zu machen (s. a. Kap. 4.1.6.). In der UdSSR führte man außer *Phytoseiulus persimilis* auch *Iphiseius degenerans* und *Amblyseius swirskii* ein, um die Wirksamkeit der Gegenspieler in Zitrusplantagen zu erhöhen. In Anbetracht der geringen Ausbreitungsfähigkeit der Raubmilben ist auch eine intraareale Ausbreitung zu erwägen, für die nicht zuletzt insektizid- und akarizidresistente Stämme in Frage kommen.

Die Einbürgerung von Prädatoren oder Parasiten setzt im allgemeinen eine vorherige Massenzucht voraus. Ausnahmsweise genügte jedoch schon das Aussetzen einer geringen Anzahl Tiere. So war die Aleyrodide *Aleurothrix floccosus* in Südfrankreich zwei Jahre nach der Aussetzung von nur 400 Aphelinіden (*Cales noacki*) bereits auf 80 km² unter Kontrolle, und zur Einbürgerung der in *Phytomyza ilicis* parasitierenden Schlupfwespe *Opius ilicis* in Kanada reichten sogar 10 Individuen!

Die Ausbreitung eingeführter Gegenspieler geht im allgemeinen recht langsam vonstatten, gelegentlich spielen aber weitgehend zufällige Verfrachtungen eine bedeutsame vorteilhafte Rolle. Bei der Einbürgerung mehrerer Arten ist die Anlaufgeschwindigkeit bis zum Eintritt des Erfolges oft sehr unterschiedlich. Die relative Bedeutung der eingeführten Arten kann sich im Laufe der Jahre auch dadurch verschieben, daß die neue Assoziation konkurrierender Arten neue Auslesebedingungen schafft.

Während die Nachführung von Parasiten eingeschleppter Schädlinge zu den bekanntesten Methoden der biologischen Bekämpfung gehört, ist eine andere naheliegende, wenn auch selbstverständlich nicht so ergiebige Möglichkeit viel seltener genutzt worden: Die Einführung von Parasiten, die im Invasionsgebiet erfolgreich auf den neuen Schädling übergehen, in dessen Ursprungsgebiet (Adaptations-Importe).

Der Import von Episiten und Parasiten gehört zu den billigsten Verfahren der Schädlingsbekämpfung, wenn auch manchmal sehr große Mengen parasitierter Insektenstadien eingesammelt, verschickt und auf schlüpfende Parasiten kontrolliert werden müssen. Zum Beispiel wurden zur Bekämpfung der Roten Kiefernbuschhornblattwespe (*Neodiprion sertifer*) in Kanada fast 30 Millionen Kokons importiert.

Zu einer systematischen Arbeit auf diesem Gebiet der biologischen Bekämpfung sind taxonomisch und ökologisch geschulte Mitarbeiter und gut ausgerüstete Laboratorien erforderlich, die Experimente zur Klärung von Wirtsbeziehungen, klimatischen Ansprüchen der einzubürgernden Tiere und Massenzuchten durchführen können. Im allgemeinen müssen sie auch auf Sammlung und Versand von Tiermaterial eingerichtet sein, da Importe vorwiegend über einen Austausch von Tiermaterial realisierbar sind. Von ausschlaggebender Bedeutung sind gute Kontakte zu Partnerinstituten in anderen Ländern, die erhebliche Reisekosten verursachen können. Insgesamt ist der Aufwand jedoch im Vergleich zu einer apparativ komplizierten Forschung mit hohem Einsatz für Geräte, Material und Dienstleistungen relativ gering, und im Falle des Erfolges arbeitet das Verfahren weiterhin auf Jahrzehnte oder noch länger völlig kostenfrei. Steht die Kostenfrage zur Debatte, sollte man nicht unberücksichtigt lassen, wie teuer die Entwicklung eines neuen Insektizides geworden ist, auch wenn man deren Finanzierung nachträglich auf die Verbraucher umlegen kann.

Die Zahl positiver Beispiele für völlige Lösung einzelner Schädlingsprobleme oder spürbare Minderung von Schäden durch importierte Gegenspieler ist groß und bezieht sich auf über 100 Schädlingsarten. Eine ausführliche, wenn auch durch zahlreiche neue Erfolgsmeldungen überholte Zusammenstellung findet sich bei De Bach (1964). Hier sei nur noch das für Europa seltene Beispiel einer großräumig gelungenen Einbürgerung von *Prospaltella perniciosi* (Chalcidoidea: Aphelinidae) gegen die eingeschleppte San-José-Schildlaus erwähnt. 1950 wurde die Erzwespe aus den USA eingeführt und nach Massenzucht, bei der ihr Wirt auf Kürbissen saugte, ab 1954 in über 27 Mio Individuen in Obstanlagen Baden-Württembergs ausgesetzt. Die Wespen breiteten sich aus und bildeten beständige Populationen, so daß 1974 an Apfelbäumen und Johannisbeersträuchern nur noch 5% des 1959 ermittelten Befalls festgestellt wurden.

4.1.5. Massenzucht und Aussetzung von Parasiten und Prädatoren

Eine weitere Möglichkeit, mit Parasiten und Raubinsekten wirksam gegen Schadinsekten vorzugehen, ist ihre Massenzucht und Ausbringung. Sie geht von der Tatsache aus, daß Parasiten einer sich anbahnenden Massenvermehrung eines Schadinsektes nicht schnell genug mit einer eigenen Massenvermehrung folgen können und daß bei Arten, die mehrere Generationen im Jahr haben, die Populationsentwicklung von Parasiten und Raubinsekten nie die benötigte Höhe erreichen kann, wenn einer Generation polyvoltiner Gegenspieler oder bestimmten, auf Nahrungsaufnahme angewiesenen Stadien eines monovoltinen Räubers nur ein normales Angebot an Wirts- oder Beutetieren zur Verfügung steht. Ziel der hier behandelten Massenzuchten und -aussetzungen ist nicht die Einbürgerung, die zur automatischen natürlichen Kontrolle führt. Man ist sich vielmehr darüber klar, daß eine Dauerwirkung von der Aussetzung nicht zu erwarten ist. Gelegentlich lassen sich allerdings Einbürgerungsbemühungen und Anwendung der Überschwemmungsmethode nicht scharf trennen, da die Wirkung einer Aussetzung nachhaltig sein kann, ohne aber zur Begründung auf die Dauer ausreichend wirksamer Populationen zu führen. Das gilt z. B. für den Trichogramma-Einsatz, bei dem Herdbildung mit einer die Vegetationsperiode über anhaltenden Fortpflanzung und Vermehrung Voraussetzung für die Konkurrenzfähigkeit des Verfahrens sein kann.

Ob heimische oder ausländische Gegenspieler zum Einsatz kommen, ist beim Überschwemmungsverfahren von sekundärer Bedeutung. Die Zielstellung erfordert es, daß der Lebensraum des Schädlings mit einer großen Individuenmenge überschwemmt wird, da ein halber Erfolg hier nicht zählt, während man bei den Bemühungen um eine Einbürgerung zunächst meist schon froh ist, wenn man überhaupt Nachkommen ausgesetzter Nützlinge wiederfindet.

Mit Hilfe geeigneter Zuchtmethoden kann man heute fabrikmäßig riesige Individuenzahlen bestimmter Arten züchten. In entsprechenden Instituten und Betrieben oder in der UdSSR auch durch sogenannte Biolaboratorien werden in erster Linie Erzwespen (Chalcidoidea) gezüchtet, unter denen die in Eiern von über 200 Schadinsekten parasitierenden Arten der Gattung *Trichogramma* (Abb. 10) die größte Bedeutung haben. Mehr als bei den kurzfristigen Massenzuchten, die einer Einbürgerung vorausgehen, und wohl auch mehr als bei den ebenfalls befristeten Zuchten, die meist Voraussetzung für die Ausrottung

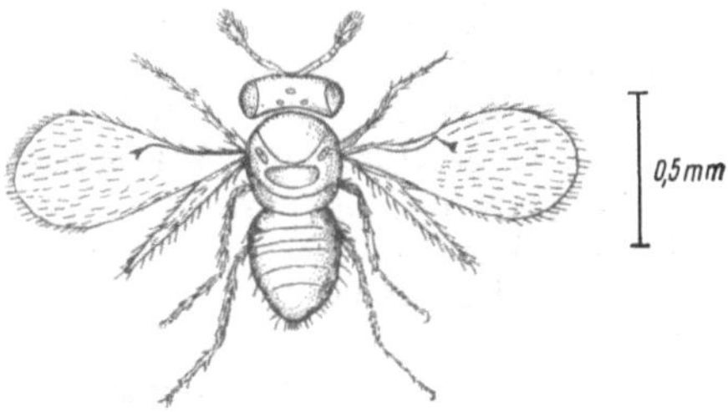

Abb. 10. *Trichogramma* spec., ♀

eines Insektes mit Hilfe strahlensterilisierter Artgenossen sind, kommt es darauf an, daß die Parasiten sich in Wirten entwickeln können, die selbst billig und einfach zu züchten sind. Diese Forderung schließt es nahezu aus, daß solche phytophagen Insekten als Wirte benutzt werden, die auf wachsende Pflanzen angewiesen sind. Es wäre z. B. nicht angängig, Blattlausparasiten in genügender Anzahl in Blattläusen zu vermehren, um sie im Freiland für die Überschwemmungsmethode zu verwenden. Meist werden bekannte Vorratsschädlinge, wie Kornmotte (*Nemapogon granellus*), Getreidemotte (*Sitotroga cerealella*) und Mehlmotte (*Anagasta kuehniella*) als Wirte für Ei- und Raupenparasiten benutzt. Eine große Rolle spielt auch die Kartoffelmotte (*Phthorimaea operculella*). Schildläuse als Grundlage für Erzwespenzuchten kann man sehr ökonomisch an Kartoffelkeimen oder -knollen, an Melonen oder Kürbissen züchten. Synthetische Nährlösungen oder Nährböden sind meist zu kostspielig, dagegen hat semisynthetische Nahrung für Wirte bzw. Beutetiere oder auch direkt für Entomophagen große Bedeutung erlangt. Es wurden selbst Nährmedien entwickelt, die nicht nur die Larvenaufzucht ermöglichen, sondern sogar die Eiablage von parasitischen Hymenopteren auslösen und *Trichogramma* hat man schon, ohne daß das praktische Bedeutung erlangen dürfte, in „Kunsteiern" gezüchtet.

Eine Gefahr aller Massenzuchten ist die schnelle Anpassung von Insektenpopulationen an veränderte Umweltbedingungen. Das kann dazu führen, daß die Selektion statt der Tiere, die eine hohe Widerstandsfähigkeit gegenüber ungünstigen Witterungsbedingungen besitzen und eine hohe Suchaktivität entfalten, solche begünstigt, die an die gleichmäßigen Zuchtbedingungen und eine unnatürlich hohe Populationsdichte optimal angepaßt, im Freiland aber vermindert lebens- oder aktionsfähig sind. Daher ist in bestimmten Abständen ein Neuansatz der Zuchten notwendig und meist auch die Einschaltung von Passagen durch natürliche Wirte vorteilhaft. Der Auswahl geeigneter Populationen oder Stämme kommt natürlich auch bei der Überschwemmungsmethode große Bedeutung zu.

Die Zuchtkosten wären sicher nicht auf ein wirtschaftlich tragbares Maß hinabzudrücken, wenn es erforderlich wäre, derartige Zuchten polyvoltiner Arten das ganze Jahr hindurch auf vollen Touren laufen zu lassen, um gegen einen bestimmten Schädling eine ausreichende Zahl von Gegenspielern zur Verfügung zu haben. Auch wenn man die Parasiten für 3 oder 5 Schädlinge nacheinander nutzen könnte oder wenn es sich bei ihrem Wirt um einen Dauerschädling (wie bei Schildläusen) handelt, wären sie in vielen Fällen zu teuer. Meist lassen sich die Zuchten jedoch dadurch rentabel gestalten, daß man sie zu einem beliebigen Zeitpunkt stoppt, indem man widerstandsfähige Stadien kühl lagert, falls es nicht zweckmäßiger ist, sie weniger umfangreich zu gestalten und laufend einen Überschuß jeder Generation für den späteren Einsatz zurückzulegen. Eiparasiten (*Trichogramma*) können auch in abgetöteten Eiern gezüchtet werden, so daß Störungen der Zucht durch schlüpfende Wirte vermieden werden. Zur Abtötung der Eier können Strahlen oder auch Kälte angewendet werden.

In der UdSSR ergaben sich durch die zunehmende Zentralisierung der Trichogramma-Zucht gewisse Nachteile gegenüber der in Gebiets- und Kolchos-Biolaboratorien durchgeführten Zucht von Stämmen, die den örtlichen Bedingungen optimal angepaßt sind. 1974 züchtete man für den Einsatz gegen 11 wichtige Schädlinge nicht weniger als 15 Formen in 4 Arten.

Bei Ausnutzung aller Rationalisierungsmöglichkeiten kann die Überschwemmungsmethode in den Kosten durchaus mit der Anwendung von Insektiziden konkurrieren, jedoch dürften die Verhältnisse von Land zu Land sehr unterschiedlich sein. In fremden Währungen angeführte Preise können natürlich nur einen groben Anhalt geben.

Bereits 1928 lieferten in den USA gewerbsmäßig betriebene Trichogramma-Zuchten täglich 1 Mio Tiere, die 5 bis 10 $ kosteten (1976 bekam man im Versandhandel kaum mehr als 5000 Wespen/$). Heute gibt es, besonders in der UdSSR, weitaus leistungsfähigere Trichogramma-Fabriken. Als Maximalleistung für eine automatisierte sowjetische Fabrik werden 50 Mio Wespen/d bei einem Aufwand von 21 Arbeitskräftestunden angegeben!

Die Wespen werden in Form „trichogrammierter“ Wirtseier auf perforierten Papierstreifen aufgeklebt geliefert. Es wurden aber auch Kugeln aus Papiermasse entwickelt, die im Feldbestand von traktormontierten Wurfgeräten ausgeschleudert werden, die die Kugeln zugleich anstechen. Auf diese Weise wird eine Fläche von 40 bis 48 ha/h behandelt und eine bessere Verteilung als per Hand erreicht. Die Aufwandmenge beträgt meist (mehrmals) 30000 bis 100000/ha bzw. 20000/Obstbaum. Die Kosten für 10000 Wespen beliefen sich 1976 auf nur 3 Kopeken! Die durch *Trichogramma* geschützte Fläche wurde für das gleiche Jahr mit 8,3 Mio ha angegeben, während alle anderen biologischen Bekämpfungsmaßnahmen zusammen in der UdSSR auf etwa 3 Mio ha angewendet wurden.

In Kleinasien kostet die Bekämpfung der Getreidewanze *Eurygaster integriceps* mit Eiparasiten der Gattung *Microphanurus* (Proctotrupoides) nur knapp 1/3 des für eine chemische Bekämpfung zu zahlenden Preises. Sehr günstig lagen die Kosten auch bei periodischen Freilassungen von *Opius concolor* in süditalienischen Olivenplantagen. Insgesamt ließ man in den 60er Jahren hier rund 50 Mio dieser Ichneumonide gegen die Olivenfliege frei. Obwohl noch nicht alle Möglichkeiten der Rationalisierung der Anzucht ausgeschöpft waren, kosteten die je Baum benötigten 60 bis 100 Schlupfwespen weniger als eine zweimalige Insektizidbehandlung.

Für die Überschwemmungsmethode wurden und werden hauptsächlich Parasiten benutzt. Es ist aber auch möglich, Prädatoren in hinreichender Anzahl zu züchten, obwohl hier Kannibalismus oft besondere Schwierigkeiten bereitet. In der UdSSR werden z. B. alljährlich große Mengen des Marienkäfers *Cryptolaemus montrouzieri* gegen verschiedene Schmierläuse in Zitrusplantagen sowie zum Schutz von Tee und Wein ausgesetzt. In den USA wurden schon Ende der 20er Jahre 40 Mio dieses in Australien heimischen Käfers produziert und offenbar hat sich sein Einsatz bewährt, denn 50 Jahre später betrug die Produktionsziffer 71 Mio. In viel größerem Umfang züchtete man jedoch um die Mitte der 70er Jahre Marienkäfer der Gattung *Hippodamia*; hier lautet die entsprechende Zahl 700 Mio. Schließlich belief sich die Jahresproduktion an Florfliegen (*Chrysopa* spp.) in den USA 1977 auf 50 Mio. Eine leistungsfähige Chrysopa-Zucht wurde vor kurzem auch in Leningrad begonnen.

Der amerikanische, namentlich der kalifornische Farmer kann die auch in Mitteleuropa heimische *Chrysopa carnea* (= *C. vulgaris*) als Eier, Junglarven oder Puppen kaufen. Den auf Papier abgelegten Eiern wird teilweise etwas Futter (Hefehydrolysat) als Anfangsnahrung mitgegeben. Als Aufwandmengen werden z. B. 50000 bis 100000 Larven/acre (0,4 ha) genannt. Die Larven bewährten sich in der Bekämpfung von Eulenraupen an Baumwolle und Tabak. In Versuchen konnten suspendierte Chrysopa-Eier ungeschädigt verspritzt werden. Die gleiche Ausbringungsart ist übrigens auch bei trichogrammierten Eiern möglich.

Die Massenzucht von Kurzflüglern (Staphylinidae) zur Kohlfliegenbekämpfung, Schwebfliegen (z. B. *Episyrphus balteata*) und blattlausfressenden Gallmücken (*Aphidoletes aphidimyza*) befindet sich noch im Versuchsstadium. Die letzteren sind für den Einsatz in Gewächshäusern bestimmt (s. S. 66).

Verschiedentlich hat sich statt einer zu fast völliger Vernichtung der Schädlinge führenden Überschwemmung der Kulturen mit Prädatoren oder Parasiten, die auch das Ende der Gegenspielerpopulationen besiegelt, die Herbeiführung gewisser numerischer Relationen bewährt. Das bedeutet, so paradox das klingen mag, daß die Anfangsentwicklung der Schädlinge unterstützt oder erst in Gang gebracht werden muß, um die Nützlingspopulation sicher zu etablieren. Besonders gilt das für den Einsatz von Raubmilben (z. B. Erdbeermilbenbekämpfung in Kalifornien), wenigstens im Versuch hat sich das gleiche Prinzip aber auch in der Insektenbekämpfung bewährt.

4.1.6. Biologische Bekämpfung in Gewächshäusern

Obwohl gegen Gewächshausschädlinge, die gelegentlich auch schon an anderer Stelle zur Sprache kamen, die gleichen Methoden wie gegen Freilandschädlinge angewendet werden, gibt es einige Besonderheiten, die wohl eine spezielle Besprechung biologischer Bekämpfungsmaßnahmen unter Glas und Plast rechtfertigen.

Während die natürlichen Gegenspieler weitgehend ferngehalten werden und trotzdem zuwandernde Imagines großenteils keine Ernährungsmöglichkeiten vorfinden, können sich andererseits vor allem bestimmte Milben und Homopteren infolge günstiger klimatischer Bedingungen optimal entfalten. Dank schneller Generationenfolge steigen ihre Populationen nach Pestizidbehandlung schnell wieder an, und außerdem sind sie natürlich für die Auslese pestizidresistenter Stämme prädestiniert. Nicht zuletzt wegen ihrer Abgeschlossenheit und Artenarmut sind Gewächshaus-Ökosysteme relativ leicht zu manipulieren, sie zeigen aber auch mit besonderer Deutlichkeit, welche Schwierigkeiten sich dem entgegenstellen, und daß es in der Regel nicht ausreicht, bei Gegenmaßnahmen allein die gerade dominierende Schädlingsart zu berücksichtigen.

Den Schwerpunkt der biologischen Bekämpfung in Gewächshäusern bildet die der Milben. Im Freiland werden phytophage Milben, die keine Parasiten haben und offenbar weniger als Insekten unter Krankheiten leiden, vor allem von Raubmilben unter Kontrolle gehalten, die gelegentlich (nach der Importmethode) auch in Zitrusplantagen, Obstanlagen und an anderer Stelle zur Lösung von Milbenproblemen herangezogen werden. Sehr viel umfangreicher sind jedoch die Bemühungen, sie im Gewächshaus nutzbar zu machen, wobei die Grenze zwischen Import- und Überschwemmungsmethode verwischt wird. Bewährt hat sich vor allem die zunächst in Chile entdeckte Raubmilbe *Phytoseiulus persimilis* (Phytoseiidae), die seit 1963 und nunmehr schon in zahlreichen Ländern routinemäßig zur Bekämpfung der Gurkenspinnmilbe (*Tetranychus urticae*) an Gurken und Tomaten verwendet wird.

Dort, wo die Anzucht der Raubmilben gut durchrationalisiert ist, kann ihr Einsatz kostenmäßig durchaus mit Akarizidanwendungen konkurrieren. Er erfordert jedoch (wie auch andere biologische Bekämpfungsmaßnahmen) eine höhere Qualifikation als Pestizidapplikationen. Einerseits müssen die Raubmilben angewendet werden, ehe die Spinnmilben schädlich werden, andererseits sollen sie möglichst keine völlige Ausrottung ihrer Beutetiere herbeiführen. Eine solche würde sehr schnell auch zum Aussterben der Raubmilben führen (die sich nicht, wie andere Raubmilben, ersatzweise von Pflanzensaft und Pollen ernähren), so daß bei der unweigerlich erneut einsetzenden Massenvermehrung der Gurkenspinnmilbe eine zweite Besiedlung der Kultur mit *P. persimilis* notwendig wäre. Als vorteilhafter hat es sich erwiesen, wenn ein Zahlenverhältnis hergestellt wird, daß die Koexistenz beider Arten auf einem niedrigen Niveau gewährleistet.

Es werden aber noch recht unterschiedliche Relationen empfohlen. So hält das Pflanzenschutzamt Suhl für die Herdbereinigung 1 Raubmilbe auf 10 Spinnmilben für erforderlich, während *P. persimilis* in Japan die Gurkenspinnmilbe noch bei einem Verhältnis von 1:64 innerhalb von 3 Wochen vernichtete. Nach den in der UdSSR (wo 1976 schon fast 13 Mio m^2 durch *P. persimilis* geschützt wurden) gesammelten Erfahrungen wird in Warmhäusern eine ständige Population von minimal 100 Raubmilben/m^2 benötigt, während in Frühbeeten und Kalthäusern 50/m^2 ausreichen. Zum Teil erklären sich sehr viel niedrigere Besatzzahlen einfach daraus, daß man mit zahlreicheren Applikationen rechnet, in Finnland z. B. mit 14. Zur Anzucht benötigt man höchstens 1/100 der zu schützenden Fläche. Verschiedentlich wurde vorgeschlagen, zunächst auch den Schädling gezielt auszubringen, um die Raubmilben rechtzeitig mit ausreichender Nahrung versehen im Gewächshaus ansiedeln zu können.

Vielfach wird die Spinnmilbenbekämpfung mittels Raubmilben dadurch in Frage gestellt, daß auch andere Schädlinge in den Gewächshäusern günstige Entwicklungsbedingungen haben, deren chemische Bekämpfung in der Regel, ebenso wie möglicherweise auch ein Fungizideinsatz, nicht ohne Auswirkung auf die Raubmilben bleibt, obwohl es in jeder der in Frage kommenden Pestizidgruppen einzelne Präparate gibt, die von den Raubmilben vertragen werden. In der Endkonsequenz ist daher anzustreben, ein lückenloses System sich ergänzender biologischer Maßnahmen zur Verfügung zu haben. In der UdSSR wurde allerdings bereits ein gegen Phosphororganika resistenter Stamm von *P. persimilis* festgestellt.

Gegen die Weiße Fliege (*Trialeurodes vaporariorum*) ließ man schon vor 50 Jahren die Erzwespe *Encarsia formosa* frei, jedoch hat sich das Verfahren für sich allein nicht durchsetzen können. Heute kann man auch *E. formosa* zu annehmbaren Preisen züchten. Zusätzlich zu den mit Eiern belegten Mottenschildläusen erliegen weitere zum Zweck der Nahrungsaufnahme erfolgenden Anstichen durch die ♀♀. Auch in diesem Fall wurde die Ansiedlung des Schädlings als Grundlage für die Entwicklung des erst später in das Gewächshaus eingeführten Gegenspielers vorgeschlagen. Während *E. formosa* besonders über 25 °C effektiv ist, scheint eine Aschersonia-Art (s. S. 114) eine brauchbare Alternative für Kalthäuser zu sein.

Für die biologische Bekämpfung von Blattläusen gibt es noch keine anerkannte Optimallösung, dafür aber mehrere Varianten, die sich in Versuchen bewährt haben. Relativ spezifisch sind Blattlausschlupfwespen (Aphidiidae), die ein gutes Suchvermögen besitzen und sich schnell ausbreiten. Gegen mehrere Wirtsarten, namentlich auch gegen *Myzus persicae*, kann man *Diaeretiella rapae* benutzen.

Unter den Raubinsekten ist — wie im Freiland — an Florfliegen zu denken, die wegen des hohen Kannibalismus gegenüber Eiern am besten als Junglarven ausgesetzt werden. Erfolgversprechend ist auch die Massenzucht der als Puppe ausgebrachten Gallmücke *Aphidoletes aphidimyza*, die bisher allerdings nur auf der Grundlage von Blattlauszuchten möglich ist. Die zarten Mücken sind nicht besonders empfindlich und vertragen z. T. sogar gegen ihre Beutetiere gerichtete Insektizidanwendungen. Die Larven töten mehr Blattläuse als sie zu ihrer Ernährung benötigen, da sie oft bald von der Beute ablassen, diese aber trotzdem dem beim Anstich injizierten Sekret erliegt. Häufig werden auch Coccinelliden (z. B. *Coccinella septempunctata*) und Syrphiden für eine Blattlausbekämpfung im Gewächshaus benutzt. Schließlich bewährte sich im Versuch der Pilz *Verticillium lecanii* gegen *M. persicae* und zwei weitere Arten.

Beim Verzicht auf chemische Bekämpfungsmaßnahmen kann es auch mit Thripsen (Thysanoptera) Probleme geben. Zu der Möglichkeit ihrer Bekämpfung mit Hilfe von Pilzen (die auch gegen weitere Gewächshausschädlinge in Frage kommen) s. S. 112.

Während der Freilandeinsatz von Entomophagen vor allem in wärmeren Ländern erfolgreich ist, wird es dort in Gewächshäusern für sie leicht zu warm. Das gilt für *P. persimilis*, Blattlausparasiten, *C. septempunctata* und sicher noch für weitere Arten.

4.2. *Die Nutzung parasitischer Nematoden*

Ebenso wie die Insekten gehören auch die Rund- oder Fadenwürmer (Nematoden) zu den ungewöhnlich anpassungsfähigen Tiergruppen. In Zehntausenden von Arten kommen sie im Meer, im Süßwasser, in großer Individuenzahl im Boden und weit verbreitet in Pflanzen und Tieren, nicht zuletzt auch in Insekten vor. Zweifellos sind Nematoden häufig völlig harmlose Bewohner der Insekten, deren Nahrungsverbrauch unbedeutend ist, und die weder toxische Stoffe abscheiden noch mechanisch Gewebe oder Organe zerstören. Allerdings bedeutet die Tatsache, daß Insekten trotz zahlreicher in der Leibeshöhle lebender Nematoden einen gesunden Eindruck machen, nicht unbedingt, daß sie tatsächlich ungeschädigt sind. Oft führt Nematodenbefall zur Sterilisierung bzw. Kastration, manchmal auch zur Verminderung der Flugaktivität oder zu anderen schwer erkennbaren Schäden.

In vielen Fällen sind in Insekten lebende Nematoden deswegen relativ harmlos, weil ihre Fortpflanzung und

Massenentwicklung erst nach dem Tode des Wirtes einsetzt. Für andere Nematoden, wie z. B. die in den Tropen als Krankheitserreger des Menschen so wichtigen Filarien, sind die Insekten nur Überträger. Andererseits können Nematoden für Insekten hochpathogen sein. Man darf jedoch an die Beobachtung eines Nematodenbefalls von Schadinsekten keine voreiligen Hoffnungen hinsichtlich eines bevorstehenden Zusammenbruches einer Massenvermehrung oder der Einsatzmöglichkeit für die biologische Bekämpfung knüpfen.

Bei der Krankheitsdiagnose ist zu berücksichtigen, daß manche Nematoden erst in die Kadaver eindringen, wo sie sich von Bakterien und anderen Mikroorganismen ernähren; natürlich werden sie dann leicht als Todesursache angesehen.

Von den zahlreichen Familien, die insektenpathogene Nematoden enthalten (s. Übersicht), werden vor allem die Steinernematidae, die Allantonematidae und die Mermithidae als für die biologische Bekämpfung geeignet angesehen.

Während die meisten Nematoden der Insekten erst bei starker Vergrößerung (Mikroskop oder Stereomikroskop)

Übersicht über die Nematodenfamilien, in denen obligatorische oder fakultative Insektenparasiten vorkommen (nach Benham 1974)

- Rhabditida
  - Rhabditoidea
    - Rhabditidae
    - Steinernematidae
    - Syrphonematidae
    - Carabonematidae
    - Panagrolaimidae
  - Diplogasteroidea
    - Diplogasteridae
  - Oxyuroidea
    - Thelastomatidae
- Dorylaimidae
  - Mermithoidae
    - Mermithidea
    - Tetradonematidae
- Tylenchida
  - Neotylenchoidea
    - Neotylenchidae
    - Allantonematidae
  - Sphaerularioidea
    - Sphaerulariidae
  - Aphelenchoidea
    - Aphelenchoididae
    - Entaphelenchidae

erkennbar sind, gibt es unter den Mermithiden fast 50 cm lange Arten. Diese Würmer bohren sich als Larven in Insekten verschiedener Ordnungen ein und verlassen ihre Wirte, sobald sie erwachsen sind. Begattung und Eiablage erfolgen im Boden.

Unter den zahlreichen insektenpathogenen Arten kommt sicher nur eine kleine Auswahl für die biologische Bekämpfung in Frage.

In den USA wurde zunächst eine Methode zur Massenzucht des Steinernematiden *Neoaplectana glaseri* auf künstlichen Nährböden ausgearbeitet. Die Anwendung gegen den Japankäfer (*Popillia japonica*) war zwar erfolgreich, letzten Endes erwies sich jedoch die bakterielle Bekämpfung dieses Schädlings als vorteilhafter.

Sehr große Hoffnungen wurden von verschiedenen Autoren an die zunächst unter der Bezeichnung DD-136 bekannt gewordene *Neoaplectana carpocapsae* geknüpft, nachdem man um 1950 ihre auf Vergesellschaftung mit einem Bakterium beruhende ungewöhnliche Pathogenität entdeckt hatte. Dieser Nematode läßt sich sowohl in Wachsmottenraupen, die jeweils bis 200000 Infektionslarven liefern, wie auf künstlichen Nährböden züchten, und man kann die Larven in Wasser aufschwemmen und verspritzen. Die mit der Nahrung aufgenommenen Larven durchbrechen die Darmwand der Insekten und gelangen so in die Leibeshöhle, wo es in kurzer Zeit zu einer tödlichen Septikämie durch die mitgeführten Bakterien kommt.

Im Versuch erwies sich *Neoaplectana carpocapsae* für mehr als 120 Insektenarten als pathogen, der Freilandeinsatz hat jedoch im großen und ganzen die in ihn gesetzten Hoffnungen nicht erfüllt. Entscheidend dafür scheint zu sein, daß die Nematoden die Wirte nicht aktiv aufsuchen und relativ schnell vertrocknen. Ein der Spritzflüssigkeit beigemischter Transpirationshemmer schafft dagegen nur in begrenztem Maße Abhilfe. Unproblematischer ist die Bekämpfung von Bodeninsekten, vor allem, wenn der Boden bei der Applikation feucht ist. Die in den USA an verschiedenen Pflanzen schädigenden Blattkäfer der Gattung *Diabrotica* lassen sich jedenfalls so gut mit *N. carpocapsae* bekämpfen, daß es lohnt, Fläschchen mit Agarkulturen des Nematoden zu vertreiben, die man jahrelang im Kühlschrank aufbewahren und bei Bedarf mit Wasser ansetzen kann.

Sofern es nicht darauf ankommt, ein Schadauftreten kurzfristig zu beenden, lassen sich wahrscheinlich zahlreiche Insekten dann mit Nematoden bekämpfen, wenn sie den Boden zur Überwinterung oder Verpuppung aufsuchen. Es besteht auch die Hoffnung, daß ein in der UdSSR aus Drahtwürmern isolierter, als *agriotos* bezeichneter Stamm seine gegenüber früheren, aus Apfelwicklerraupen stammenden Isolierungen höhere Aggressivität beibehält. In der VR Polen bemüht man sich, *Pristionchus uniformis*, der bei natürlicher Infektion Kartoffelkäferpopulationen bis zu 85% reduziert, allein oder zusammen mit *Beauveria bassiana* (s. S. 109 f.) für die Kartoffelkäferbekämpfung nutzbar zu machen.

In den letzten Jahren wurden ferner in großem Umfang und mit guten Aussichten Bemühungen unternommen, Stechmückenlarven mit Nematoden zu bekämpfen, und eine gegen etwa 60 Arten wirkende Mermithiden-Art wird für diesen Zweck in Form eines Handelspräparates angeboten. Für einen Dollar erhielt man vor einigen Jahren weit über 1 Mio Infektionslarven, die im Freiland Herde mit einer mehrere Mückengenerationen dezimierenden Effektivität bilden.

Der erfolgreiche Import eines insektenpathogenen Nematoden ist aus Australien bekannt. Dort ist neben anderen eingeschleppten Holzwespen *Sirex noctilio* zu einem äußerst wichtigen Schädling geworden, gegen den man u. a. auch die europäischen Schlupfwespen *Ibalia leucospoides* und *Rhyssa persuasoria* eingeführt hat. Am erfolgreichsten war jedoch ein zunächst in Neuseeland entdeckter Nematode, mit dem eine 80- bis 90prozentige Parasitierung und bei einigen Populationen ein plötzlicher Zusammenbruch erreicht wurde. Die Nematoden töten in diesem Fall ihre Wirte nicht ab, sterilisieren sie aber. Die Holzwespenweibchen sorgen selbst für die Ausbreitung des Parasiten, da sie trotz Sterilisation weiterhin Eier ablegen, denen statt einer Holzwespenlarve jedoch 100 bis 200 Nematodenlarven entschlüpfen.

4.3. *Biologische Bekämpfung mit Hilfe von Wirbeltieren*

4.3.1. *Vogelschutz und Vogelhege*

Die Literatur über die Förderung und den Nutzen insektenfressender Vögel ist sehr umfangreich. Insbesondere gilt das auch für emotionell motivierte und für breite Leserkreise bestimmte Veröffentlichungen, in denen nicht selten spekulative Schlußfolgerungen gezogen oder im Interesse der guten Sache sogar wider besseres Wissen übertriebene Darstellungen vom Nutzen der Vögel gegeben werden. Tatsächlich ist es außerordentlich schwierig, die Aussichten des Vogelschutzes im Rahmen der biologischen Bekämpfung abzuschätzen. Unabhängig davon sollte der Vogelschutz als eine ethische Verpflichtung angesehen werden und eigentlich keiner ökonomischen Begründung bedürfen.

Zu den in der Übersicht (S. 79) aufgezählten Schutzmaßnahmen scheinen lediglich einige kurze Bemerkungen erforderlich:

Das Flugloch sollte bei den für Singvögel bestimmten Nistkästen stets weniger als 50 mm messen, um Stare an der Brut zu hindern, deren Förderung in Anbetracht ihrer Schädlichkeit im Obst- und Weinbau im Widerspruch zu den Bemühungen um eine biologische Bekämpfung stände. Nistkästen können aus Holz, Holzbeton oder auch aus anderem Material bestehen. Der Eingang sollte etwa nach Süden gerichtet sein. Nach Abschluß der Brut sind die Nistkästen zu reinigen, um ihre allmähliche Anfüllung mit Exkrementen, Nistmaterial und abgestorbenen Vögeln zu verhindern, die Zahl der Nestparasiten zu reduzieren und durch Wespen, Hornissen oder Hummeln blockierte Kästen wieder benutzbar zu machen. Nistkästen spielen im Winter auch als Schlafkästen eine erhebliche Rolle, da Kleinvögel bei großer Kälte kaum ohne schützende Schlupfwinkel überleben können.

Die Hoffnung, durch Winterfütterung die Population an einem bestimmten Ort positiv zu beeinflussen, wird sich meist nicht erfüllen, da die gefütterten Vögel großenteils Zug- oder Strichvögel sind, die weiter im Norden brüten. Insgesamt dürfte sich die zunehmende Fütterung jedoch in einer Bestandeserhöhung ausgewirkt und zur hohen Siedlungsdichte zahlreicher Vogelarten im Wohnbereich des Menschen beigetragen haben. Neuerdings wurde jedoch kritisch dagegen Stellung genommen, weil Futterplätze einerseits Infektionsquellen für Salmonellosen sein könnten, andererseits durch die Fütterung eine Auslese gegen den Zugbetrieb vorgenommen würde, da die Nichtzieher beim Eintreffen der ziehenden Artgenossen bereits die besten Reviere besetzt hätten. Diese Einwände sollten Anlaß sein, von einer Winterfütterung abzusehen, solange die Vögel nicht durch Eis und Schnee ernstlich bei der Nahrungsaufnahme behindert oder durch extreme Kälte einer nahezu kritischen Stoffwechselbelastung ausgesetzt sind. Wer Vogelschutz im Hinbick auf die biologische Bekämpfung betreibt, sollte auch bedenken, daß durch die Winterfütterung zwar einerseits zahlreiche Vögel vor einem Hunger- oder Kältetod bewahrt werden können, andererseits aber eine wesentlich größere Zahl durch ein bequemer zu erreichendes Nahrungsangebot weitgehend von der Suche nach Überwinterungsstadien von Schädlingen abgehalten wird.

Alle genannten Maßnahmen betreffen vorwiegend Vögel, die in Wäldern, anderen Baumbeständen oder in Ortschaften Nahrung suchen. Im freien Feld werden insektenfressende Vögel als Schädlingsvertilger wenig wirksam und gerade hier, wo die entsprechenden ökologischen Nischen sehr schwach besetzt sind, sind Förderungsmaßnahmen kaum möglich. Feldgehölze, die einer Reihe von Arten Brutmöglichkeiten bieten, verschwinden immer mehr und erfüllen in Anbetracht des geringen Aktionsradius fütternder Vögel nur noch eine sehr begrenzte Schutzfunktion. Allerdings können sie auch als Zuflucht und Schlafbäume attraktiv sein und Greifvögeln Aufbaummöglichkeiten für die Ansitzjagd bieten. Wo Bäume fehlen, dürften im Grünland aufgestellte Sitzstangen für Bussarde ein brauchbares Mittel sein, um die Feldmauspopulation bestimmter Schläge oder von Dämmen und Deichen kurz zu halten. Im Feldbestand lebende Bodenbrüter werden durch die moderne Technik in starkem Maße dezimiert. Das betrifft Fasan und Rebhuhn, aber natürlich auch Kleinvögel, bei denen der wahre Umfang der Verluste noch weniger bekannt ist als bei den genannten jagdbaren Vögeln.

Wildretter an landwirtschaftlichen Maschinen haben günstigenfalls den Erfolg, daß brütende Vögel aufgescheucht werden, das Gelege wird jedoch in vielen Fällen zerstört. In Anbetracht dieser Situation dürfte es im Sinne der biologischen Bekämpfung nur einen sehr begrenzten Wert haben, wenn Fasanen künstlich vermehrt und ausgesetzt werden.

Durch Vermehrung der Nistgelegentheiten lassen sich auch bei den zahlreichen Vogelarten, die Territorien verteidigen, sehr deutliche Erhöhungen der Brutpopulationen erreichen. Zum Beispiel konnten Pfeifer und Keil in einem 25 ha großen Eichenwald bei Frankfurt am Main im Laufe von 6 Jahren die Zahl erfolgreicher Bruten von 158 (6,5/ha) auf 1026 (41/ha) steigern. Ähnliche Dichtesteigerungen wurden auch an anderer Stelle erzielt. In der Regel geht jedoch der Anteil der angenommenen Kästen mit steigender Zahl sehr stark zurück, so daß schon früher ein oberer Grenzwert erreicht wird. Man verspricht sich jedoch bereits von viel geringeren Besatzdichten eine fühlbare Auswirkung. Für Kiefernwälder schwanken die Empfehlungen zwischen 1,5 und

5 Kästen/ha, in Buchenwäldern kann die Dichte noch niedriger liegen, und für Eichenwälder werden z. B. 2 bis 7 Kästen/ha vorgeschlagen. Durch die Aufhängung von Nistkästen wird im allgemeinen nicht etwa eine natürliche, durch den Mangel an Brutmöglichkeiten verschwundene Vogelassoziation regeneriert, sondern sehr einseitig eine Förderung von Kohlmeise und Trauerfliegenschnäpper erreicht, zu denen manchmal noch eine (unerwünschte) hohe Feldsperlingspopulation kommt. In mittelnorwegischen Wäldern ging die Zahl der Freibrüter mit Anhebung des Höhlenbrüterbestandes durch Aufhängen von Nistkästen signifikant zurück.

Welch große Erwartungen man an die künstliche Anhebung der Brutvogelbestände knüpft, geht z. B. daraus hervor, daß man um 1967 in Spanien eine große Kampagne begann, in deren Verlauf 500000 Nistkästen aufgehängt werden sollten, wobei man sich hauptsächlich einen Erfolg gegen den Pinienprozessionsspinner (*Thaumetopoea pityocampa*) versprach.

Nachdem der Beweis geführt ist, daß eine wesentliche Steigerung der Brutpopulation möglich ist, bleiben zwei entscheidende Fragen offen:

1. Ist eine biologische Bekämpfung mit Hilfe von Vögeln so wirksam, daß sie einen Insektizideinsatz allein oder in Kombination mit anderen biologischen Bekämpfungsmaßnahmen überflüssig machen kann?
2. Ist eine derartige Bekämpfung ökonomisch mit chemischen Bekämpfungsmaßnahmen konkurrenzfähig?

Die Beantwortung insbesondere der ersten Frage ist kompliziert. Natürlich fressen Vögel nicht nur Schädlinge, sondern auch andere Insekten und sonstige Tiere. Selbst bei Bestimmung aller Beutetiere bliebe die Einordnung in die Kategorien Schädling — Nützling — indiferentes Beutetier fragwürdig. Man müßte z. B. das Fressen eines Schädlings, der parasitiert ist und vielleicht Dutzende von Parasiten beherbergt, negativ beurteilen. Das gleiche kann auch für Insekten angenommen werden, die an Virosen oder Bakteriosen erkrankt sind, und vielleicht fallen den Vögeln diese Tiere sogar besonders leicht zum Opfer. Da die ♂♂ der meisten Insekten sich mehrfach paaren können, kann ein erheblicher Prozentsatz der männlichen Puppen und Imagines (also nicht mehr fressender Stadien) einer Schädlingspopulation als indifferent angesehen werden, denn ihr Ausfall bleibt — ebenso wie in der Regel das Abfangen von ♂♂ in Lockstoffallen — ohne Folgen für die Realisierung des Fortpflanzungspotentials.

Voraussetzung für die Wirksamkeit entomophager Vögel ist natürlich die zeitliche Koinzidenz mit den zu dezimierenden Schadinsekten. Die Wirksamkeit des Trauerfliegenschnäppers gegenüber dem Kleinen Frostspanner (*Operophthera brumata*) bleibt z. B. deswegen beschränkt, weil der Hauptnahrungsbedarf erst dann eintritt, wenn sich der Frostspanner bereits verpuppt hat. Auch die räumliche Koinzidenz ist wichtig. Die Vögel eines Biotops besiedeln unterschiedliche ökologische Nischen und sind teilweise mehr oder weniger streng auf ein Stratum spezialisiert, so daß in der Regel nur ein Teil der vorhandenen Vogelarten gegen ein bestimmtes Stadium eines Schädlings wirksam werden kann. Daneben gibt es Unterschiede in bezug auf die bevorzugte Größe und sonstige Beschaffenheit der Beuteobjekte.

Die in Abbildung 11 veranschaulichte Tatsache, daß die einzelnen Arten eine bestimmte Auswahl aus der verfügbaren Menge an Beuteobjekten treffen, sollte Anlaß sein, bei Vogelschutzmaßnahmen nicht nur einen individuen- sondern auch einen artenreichen Vogelbestand anzustreben, also auch mögliche Hilfen für Boden- und Freibrüter in Betracht zu ziehen.

Die naheliegende Annahme, daß sich alle vorhandenen insektenfressenden Arten auf eine massenvermehrte Beuteart konzentrieren und überwiegend davon leben, trifft also nur bedingt zu. Vögel sind keine dichteunabhängigen Begrenzungsfaktoren, ihre Wirksamkeit ist aber auch nicht dichteproportional.

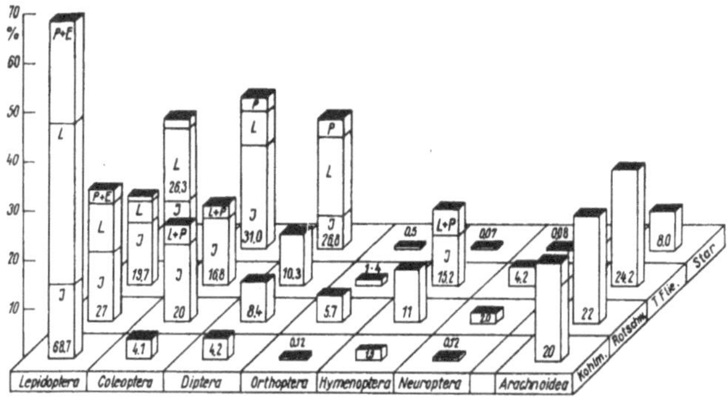

Abb. 11. Unterschiedliche Ausnutzung des während der Brutzeit im Kiefernwald zur Verfügung stehenden Nahrungsangebotes durch Kohlmeise, Rotschwanz, Trauerfliegenschnäpper und Star. Die Säulen stellen den Anteil der wichtigeren Insektengruppen und der Spinnen an der insgesamt verfütterten Beute dar. I, E, L und P = Imagines, Eier, Larven und Puppen. Die Zahlen wurden BÖSENBERG (1960) entnommen

Manche Arten (Meisen) bilden Suchbilder (searching images), d. h., sie dressieren sich zeitweilig auf eine besonders leicht zugängliche Beute. Andererseits kann es nach einiger Zeit zur Ablehnung einer zunächst bereitwillig aufgenommenen Art kommen. So blieben die in der Vergangenheit auf Grund von Einzelbeobachtungen über die massenhafte Aufnahme von Kartoffelkäfern immer wieder publizierten optimistischen Prognosen für den Nutzen einer Fasanen- oder Rebhuhnhege eine Illusion.

Untersuchungen mittels Halsringproben, Mageninhaltsanalysen oder auch Direktbeobachtungen geben einen Anhalt für die von einzelnen Arten aufgenommenen Schädlingsmengen. In der Regel ist jedoch unbekannt, wie hoch die Zahl der vorhandenen Schädlingsstadien ist, so daß man auch aus diesen Grunde die Bedeutung der Entnahme einer bestimmten Anzahl von Tieren nicht exakt berechnen kann. Der Einfluß der Vögel kann jedoch auf folgenden Wegen abgeschätzt werden:

1. Durch umfangreiche Untersuchungen der Insektenpopulationen auf zwei vergleichbaren Flächen, auf deren einer die Ansiedlung einer maximalen Vogelpopulation angestrebt wird, während auf der anderen keine Hegemaßnahmen durchgeführt werden. Da es zwangsläufig gewisse Unterschiede in der natürlichen Besiedlung der beiden Flächen gibt (die natürlich nicht unmittelbar aneinander angrenzen dürfen) und die Vögel die Grenzen der Flächen überfliegen, ist die Aussagefähigkeit der sehr arbeitsaufwendigen Methode eingeschränkt.

2. Durch Abschätzung der Fraßschäden auf Vogelschutz- und Vergleichsflächen bei auftretenden Kalamitäten.

3. Durch langjährige vergleichende Beobachtungen des Gradationsverlaufes bestimmter Schädlinge auf solchen Flächen.

ALTENKIRCH (1963) wandte die ersten beiden Methoden an, wobei Versuchs- und Vergleichsflächen nach 6 Jahren getauscht wurden. Das Verhältnis der Vögel (einschließlich Freibrütern) betrug 3:1 bis 4:1. Trotzdem gab es keine deutlichen Unterschiede in der nach dem Fraß des Eichenwicklers verbleibenden Restbelaubung. Bei der stichprobenweisen Erfassung der Insekten, der rund 500000 Tiere zugrunde liegen, zeigte sich ebenfalls kein deutlicher Einfluß der Erhöhung der Vogelpopulation. Die Parasitierung war auf den Vogelhegeflächen durchweg geringer als auf der Vergleichsfläche, ebenso war auch die Zahl der räuberischen Carabiden vermindert.

Untersuchungen von SCHÜTTE (1960) ergaben, daß bei sehr niedrigen und sehr hohen Dichten des Grünen Eichenwicklers (*Tortrix viridana*) keine Minderung der Schadwirkung durch erhöhte Vogelansiedlung erkennbar war. Bei mittlerer Dichte blieb die Belaubung auf den Hegeflächen teilweise erhalten. Daß der Erfolg nicht größer war, ist bemerkenswert, weil in einer anderen Untersuchung festgestellt worden war, daß Kohlmeisen ihre Jungen zu 80% mit Raupen und Puppen des Eichenwicklers großzogen und dabei — für 9 Nestlinge — 775 g verbrauchten. SCHLEGEL (1966) konnte in einem Eichenrevier keine Auswirkung der durch die Anbringung von Nistkästen erreichten Erhöhung der Höhlenbrüterpopulation auf eine Massenvermehrung des Kleinen Frostspanners feststellen.

Zu anderen Schlußfolgerungen kam HERBERG (1960). Er glaubt nachgewiesen zu haben, daß 33jährige intensive Vogelhegemaßnahmen im Steckbyer Forst einerseits gegen den Grünen Eichenwickler wirksam waren, andererseits Schadauftreten des Kiefernspanners (*Bupalus piniarius*), die dort früher und in der Zwischenzeit in für vergleichbar gehaltenen Revieren auftraten, verhindern konnten. Die Besiedlungsdichte der Nistkästen betrug im Kiefernwald durchschnittlich 1,5 bis 2,5 Paare/ha. HERBERGS Argumentation wird bezüglich des Kiefernspanners jedoch von EBERT (1969) widersprochen, der nachweist, daß die Vogelhegeflächen und die inzwischen befressenen Reviere sehr unterschiedliche Bedingungen aufweisen. BÖSENBERG (1966) konnte — wie auch an anderer Stelle — auf den Steckbyer Flächen keine sichere Schutzwirkung der Vögel gegenüber dem Eichenwickler feststellen. Erfolgsmeldungen anderer Autoren dürften in der Regel nicht hinreichend beweiskräftig sein, um gegen die Wirksamkeit erhöhter Vogelpopulationen vorgebrachte Bedenken zu zerstreuen. Damit soll nicht gesagt sein, daß Vogelschutzmaßnahmen im Hinblick auf einen Bekämpfungserfolg generell sinnlos sind. Insbesondere können sie möglicherweise in Verbindung mit anderen biologischen Verfahren chemische Aktionen überflüssig machen. Vielleicht ist die Bedeutung der Vögel (wie auch anderer biotischer Gegenspieler) für die Verhinderung des Beginns einer Massenvermehrung größer als nach deren Ingangkommen.

Zur Ökonomie des Vogelschutzes ist festzustellen, daß die großflächige Durchführung von Vogelschutzmaßnahmen im Forst als unwirtschaftlich angesehen werden muß. Das ist ohne weiteres verständlich, wenn man berücksichtigt, daß der durchschnittliche Aufwand für Bekämpfungsmaßnahmen, die gegen solche Schädlinge gerichtet sind, die Vögel wirksam dezimieren könnten, in der DDR nach wie vor unter 0,50 M/ha/Jahr liegen

Übersicht Vogelschutzmaßnahmen

Bruthilfe, Schutzmaßnahmen	Anzusiedelnde Arten
Nistkästen	
Innenmaße 120 × 120 × 200 mm Flugloch 32 mm	Meisen, Kleiber, Baumläufer, Gartenrotschwanz, Wendehals, Sperlinge, Trauerschnäpper
Flugloch 26 mm	Sperlingssicher, aber nur kleinen Meisen und den Baumläufern zugänglich
Innenmaße 250 × 250 × 250 mm Flugloch 100 mm	Steinkauz, Blauracke, Hohltaube Turmfalk
Innenmaße 300 × 300 × 400 mm Flugloch 130 mm	Waldkauz
Innenmaße 120 × 120 × 120 mm, eine Seite nur bis zur halben Höhe verschlossen, Anbringung möglichst an Gebäuden oder Mauern in 2–4 m Höhe	Rotschwänze, Bachstelze, Grauer Fliegenschnäpper
Nisttaschen	
70 cm lange Kiefernzweige, etwa 40 bis 50 cm breit, der Wetterseite abgewandt an Baumstämme gebunden (1,50 m hoch), seitlicher Einschlupf am Stamm	
Nestquirle	
Trichterartig zusammengebundene Zweige in Gebüschen (Flieder, Johannisbeere, Holunder, Liguster)	Verschiedene Freibrüter
Reisighaufen	Zaunkönig
Katzen- und Marderschutz	
Glockenförmige Schirme aus Maschendraht oder PVC-Gewebe oder Stachelkränze um Brutbäume	
Vogeltränken und Vogelbäder	
Winterfütterung (für Greifvögel Luderplätze)	
Anlage von Hecken und Feldgehölzen	

dürfte, und es unsicher bleibt, ob wirklich eine Bekämpfungsmaßnahme durch Vogelhege eingespart werden kann. Andererseits ist unbekannt, ob Fraß- und Saugschäden unterhalb der für Bekämpfungsmaßnahmen maßgeblichen Schwelle wirtschaftlich überhaupt ins Gewicht fallen. Vogelschutzmaßnahmen sollen daher, soweit sie nicht in erster Linie landeskulturelle Zielstellungen haben, auf ausgesprochene Dauerschadgebiete konzentriert werden. Insbesondere sind sie für einförmige und bruthöhlenarme Kiefernwälder zu empfehlen. Auf bestimmten Standorten mögen sie auch von hinreichender Wirksamkeit gegen Frostspanner und Eichenwickler sein. In Gärten und im Wohnbereich der Ortschaften sind Vogelschutzmaßnahmen vielleicht noch eher geeignet, um Schäden zu vermindern. Ökonomisch ist der Vogelschutz hier sehr viel günstiger zu beurteilen, da die in Gartenanlagen erzeugten Ernten einen höheren Wert darstellen. Bei entsprechender Werbung lassen sich hier hohe Siedlungsdichten und die Übernahme von Kosten und Wartung durch interessierte Gartenbesitzer erreichen.

Der Import insektenfressender Vögel spielt als biologische Bekämpfungsmaßnahme nur eine geringe Rolle, obwohl ein erstes erfolgreiches Beispiel — die Einführung des indischen Mainastares zur Lösung eines Heuschrekkenproblems auf Mauritius — schon aus dem Jahre 1762 datiert. Die Einführung des Haussperlings in Nordamerika (1850) und in zahlreichen weiteren Ländern wurde mit entsprechender Zielstellung vorgenommen und bildet ein Beispiel dafür, daß auch leichtfertig vorgenommene biologische Bekämpfungsmaßnahmen schwere und mitunter sogar irreversible Schäden verursachen können.

4.3.2. Förderung und Import anderer Wirbeltiere

Viel weniger Erfahrungen als in der Vogelhege liegen mit Versuchen zur Nutzbarmachung von Fledermäusen zur biologischen Bekämpfung vor. Im Süden der USA wurden um 1915 besondere Fledermaustürme errichtet, die eine Doppelfunktion, nämlich die Vermehrung der Fledermäuse zur Stechmückenbekämpfung und die zur Nutzbarmachung notwendige Konzentration des geschätzten Fledermausguanos, erfüllen sollten. Offenbar wurden nur wenige der sicher sehr kostspieligen Konstruktionen errichtet, so daß man annehmen muß, daß sie sich nicht besonders bewährt haben. Fledermaushege kann man jedoch mit wesentlich einfacheren Mitteln betreiben. Schlafkästen, die einem Hausbriefkasten ähneln, aber durch einen schmalen Schlitz von unten her zugänglich sind, werden als Tagesquartiere und Wochenstube angenommen. Sie sind geeignet, den Ausfall von natürlichen Bruthöhlen und Schlupfwinkeln in alten Gebäuden zu kompensieren. Seitens interessierter Naturschützer gibt es Bestrebungen, die Überwinterungsmöglichkeiten (Höhlen, Stollen, Kellerräume) zu erhalten oder entsprechende frostfreie Winterquartiere (auch in Form gut isolierter Überwinterungskästen) neu zu schaffen.

Die Wirksamkeit der Fledermäuse in der Niederhaltung von Schädlingen läßt sich noch schwerer übersehen als die der Vögel. Für ihre Förderung sprechen besonders folgende Fakten: Sieht man vom Ziegenmelker (*Caprimulgus europaeus*) ab, so sind Fledermäuse die einzigen Verfolger nachts fliegender Insekten. Sie nehmen kaum andere Nahrung als Insekten auf und haben auf Grund ihres primitiven Stoffwechsels einen erheblichen Nahrungsbedarf. Fledermäuse sind soziale Tiere, deren Dichtesteigerung nicht der Begrenzung unterliegt, die bei Vögeln durch deren Territorialverhalten gesetzt ist. Der Aktionsradius bei der Jagd beträgt bis zu 2 km. Man kann Fledermauskästen daher in rationeller Weise auf Schwerpunkte konzentrieren, an denen sie leichter zu überwachen sind. Fledermäuse vertilgen fast nur Imagines und damit das Stadium, das die geringste Abundanz und den geringsten Parasitenbesatz aufweist.

Als erfolgreich wird die Einbürgerung der Kanadischen Maskenspitzmaus (*Sorex cinereus*) in Neufundland angesehen. Sie wurde vor allem zum Einsatz gegen die im Boden ruhenden Kokons der Lärchenblattwespe *Pristiphora erichsonii* eingeführt und soll eine Dämpfung ihrer Gradationen und auch einen Rückgang bei anderen potentiell forstschädlichen Blattwespen bewirkt haben. Ihr Erfolg wird dadurch verständlich, daß es in Neufundland bis dahin keine insektivoren Kleinsäuger gab und z. B. auch die ökologische Nische des Wildschweines, das in Europa einen gewissen Prozentsatz im Boden überwinternder Stadien von Forstschädlingen vernichtet, unbesetzt ist.

In zahlreichen tropischen und subtropischen Ländern wurde die in Süd- und Mittelamerika (und im äußersten Süden der USA) heimische Riesenkröte oder Aga (*Bufo marinus*) insbesondere gegen Zuckerrohrschädlinge eingebürgert. Die Ablage von 10000 und mehr Eiern (35000) ermöglichte an geeigneten Stellen eine Massenvermehrung, die dazu führte, daß die Kröte die in sie gesetzten Erwartungen erfüllte, wobei sie auch andere Tiere als nur Insekten vertilgt. In den USA hat man den Nutzen auf 20 bis 30 $ je Kröte und Jahr berechnet und den Gesamtnutzen auf 1 Milliarde geschätzt. Andererseits wurde die Aga aber auch zum bedeutenden Schädling. Im Gebiet von Miami erlagen Hunderte von Hunden ihrem Hautgift, und in Australien sind eine Reihe von Tieren ernstlich durch die Kröte bedroht, sei es, daß sie von dieser gefressen werden (auch Reptilien und Kleinsäuger!), sei es, daß sie sich bei Angriffen auf die Kröte, auf die sie instinktmäßig nicht eingestellt sind, vergiften.

Fische haben sich in der Bekämpfung von Malariamücken hervorragend bewährt. Das gilt insbesondere für die aus den südlichen USA stammenden Gambusien (*Gambusia affinis*), die zu den lebendgebärenden Zahnkarpfen gehören (Poeciliidae). Man hat sie z. B. in Südfrankreich, Spanien, Italien und in der Sowjetunion eingebürgert. Vielerorts wurden sie später jedoch wieder ausgerottet, als man versuchte mit DDT zu noch besseren Ergebnissen in der Malariabekämpfung zu kommen. Das

Auftreten weitgehend insektizidresistenter Gambusien in der Nähe von Baumwollfeldern im Staate Mississippi läßt erhoffen, daß eines Tages auch in der Malariabekämpfung eine Integration biologischer und chemischer Verfahren möglich ist. Auch der bekannte Guppy (*Poecilia reticulata*) hat sich in der Mückenbekämpfung bewährt.

4.4. *Verwendung von Krankheitserregern*

4.4.1. *Kurze Einführung in die Insektenpathologie*

Insekten sind für zahlreiche Krankheiten anfällig. Krankheiten können unauffällig einen wesentlichen Anteil der natürlichen Sterblichkeit verursachen und dadurch von großer Bedeutung für die Verhütung von Insektenschäden sein. Nicht wenige treten jedoch leicht epidemisch auf und führen einen plötzlichen Zusammenbruch katastrophal vermehrter Insektenpopulationen herbei. Die Vielseitigkeit des Krankheitsgeschehens wird z. B. durch eine Versuchsserie demonstriert, bei der ein Bakterium („Milky disease"), eine Rickettsie (Lorscher Seuche), ein Virus, eine Mikrosporidie und ein Pilz als Pathogene der Maikäfer (*Melolontha* spec.) auf die Abhängigkeit ihrer Entwicklung von den Bodenverhältnissen untersucht wurden (Hurpin und Robert 1972).

Manche Insektenkrankheiten sind nach bisheriger Kenntnis artspezifisch, viele befallen eine Reihe verwandter Arten und nicht wenige sogar Insekten verschiedener Ordnungen. Letzteres gilt z. B. für den in der biologischen Bekämpfung bewährten *Bacillus thuringiensis*. Die Spanne der Pathogenität kann schließlich noch viel weiter sein und gelegentlich sogar Wirbeltiere (z. B. Rickettsien, einige Pilze) oder auch Pflanzen (einige Pilze; phytopathogene Viren, die auch den Überträger schädigen) einschließen. In der Regel ist die Spezifität der Insektenpathogene jedoch ausreichend, um keine Bedenken gegen die Verwendung zu Bekämpfungszwecken aufkommen zu lassen (vgl. aber S. 98 u. 108!) Bei *B. thuringiensis* waren Dosierungen, wie sie bei Produktion und Anwendung auf den Menschen einwirken könnten, ohne Folgen, während Dauerinhalation die Lungen von Laborratten schädigte; auch allergische Reaktionen traten bei Versuchstieren auf. Infektionsversuche mit 35 Viren an 20 Wirbeltierarten aus 4 Klassen verliefen durchweg negativ. Die Unschädlichkeit der Aufnahme infektionsfähiger Viruspolyeder läßt sich auch daraus folgern, daß Nahrungsmittel nach einer Epizootie unter den Schädlingen sehr hohe Belagsdichten erreichen. Im Handel angebotener Kohl wies z. T. eine Kontamination auf, die weitaus stärker als nach einer Bekämpfungsaktion war (bis 10^8 Polyeder/cm^2!).

Die Zahl bekannter Insektenkrankheiten hat in den letzten Jahrzehnten, nicht zuletzt auf Grund der Bemühungen um ihre Nutzbarmachung, sehr stark zugenommen. Sie dürfte auch in Zukunft noch stark ansteigen, außerdem wird sich das Wirtsspektrum bekannter Krankheitserreger vielfach wesentlich erweitern.

Insektenkrankheiten sind mit Ausnahme der von Pilzen verursachten ganz überwiegend Larvenkrankheiten, in geringerem Umfang erliegen ihnen die Puppen. Im meist kurzen Imaginalleben spielen Krankheiten entweder keine Rolle oder sie sind bisher wenig beobachtet worden, weil ein etwas früheres Absterben in der Regel kaum einen Effekt hat und leicht übersehen wird. Ernstlich erkrankte Larven und Puppen erreichen nur selten das Imaginalstadium, schwach infizierte können jedoch die Entwicklung vollenden und insbesondere Viren an die Nachkommenschaft weitergeben.

Die Epidemiologie der Insektenkrankheiten ist vielfach noch unzureichend bekannt. Kranke Larven scheiden mit dem Kot oder durch Erbrechen Krankheitskeime aus, im übrigen werden diese beim Zerfall der oft am oder (Wipfelkrankheit!) über dem Fraßort angeklammert bleibenden oder bei Pilzen durch Hyphen befestigten Kadaver frei. Auf diese Weise kommt es zur Ansteckung gesunder Artgenossen, die an der gleichen Stelle fressen; die Fixierung eingegangener Tiere wirkt dem Verschwinden der Infektionskeime (z. B. durch Abspülung) aus dem Lebensbereich des Wirtes entgegen. Günstigere Übertragungsmöglichkeiten bei größerer Individuenzahl bringen es mit sich, daß Insektenkrankheiten weitgehend dichteabhängig sind, zumal eine übermäßige Dichte als Stressfaktor den Ausbruch von sonst latent verlaufenden Krankheiten begünstigen kann.

Im Boden, an geschützten Stellen und wahrscheinlich auch im Innern infizierter Insekten können Krankheitserreger längere Zeit virulent bleiben. In der Regel sind sie jedoch gegen UV-Strahlung und damit gegenüber dem Sonnenlicht, das sie sogar sehr schnell inaktivieren kann, empfindlich. Über einem Reservoir an Infektionskeimen am und im Boden kann sich infolgedessen eine gesunde Insektenpopulation entwickeln, so daß eine bei der Anwendung des Pathogens erhoffte Dauerwirkung ausbleibt. Die Weiterverbreitung von Krankheitserregern erfolgt durch Wasser und Wind, durch infizierte und kontaminierte Imagines sowie durch Vögel und Parasiten. Parasiten können Krankheitserreger ihrer Wirte schon als Larven aufnehmen oder sich beim Anstich eines kranken Wirtes damit beschmieren. Der Legebohrer wird auf die eine wie die andere Weise leicht zur Injektionsnadel. Vögel verbreiten nicht nur an Schnabel oder Füßen anhaftende Keime weiter; zumindest gewisse Kernpolyederviren und Mikrospiridien-Sporen sind nämlich noch nach Darmpassage virulent.

Bei einem Teil der insektenpathogenen Viren sind die eigentlichen Viruspartikel am Ende ihrer Entwicklung in z. T. kristallartige Proteinhüllen, die Einschließungskörper, eingebettet, die Transport und Erhaltung der Virulenz begünstigen. Im Darmsaft eines neuen Wirtsindividuums werden die Hüllen aufgelöst und die Virionen innerhalb von Minuten freigelegt. Die Einschließungskörper erreichen Ausmaße, die ihr Erkennen im Lichtmikroskop ermöglichen.

Obwohl Viren und pathogene Mikroorganismen sich meist sehr schnell vermehren können, ist nicht selten die Zahl der aufgenommenen oder eingedrungenen Keime für den Erfolg einer Infektion entscheidend. So erforderte die Infektion einer Nonnenraupe mit der Wipfelkrankheit 10^5 Einschlußkörper. Ältere Stadien pflegen einen höheren Toleranz- oder Resistenzgrad als jüngere zu besitzen.

Beispielsweise benötigte man bei *Entomopox-Virus melolonthae* zur Infektion von Engerlingen des 3. Stadiums im Vergleich mit solchen des 1. und 2. Stadiums die 6- bis 10fache Menge an Ausgangsmaterial. Deshalb, aber auch weil der Tod durch Insektenkrankheiten nicht sofort eintritt (bei Viruskrankheiten durchschnittlich nach 5 bis 10 Tagen) und die Insekten noch einige Tage Nahrung aufnehmen können, ist es wichtig, daß die Anwendung von Pathogenen so früh wie möglich erfolgt. Damit steigen die Anforderungen an die Überwachung und die Sicherheit der Prognose.

Stressbedingungen (Hunger, Parasitierung, ungünstige Witterungsbedingungen, andere Krankheiten, Insektizidvergiftungen) begünstigen das Angehen einer Infektion und den Ausbruch von Epidemien. Auch die physiologische Belastung durch die Häutung kann die Widerstandsfähigkeit gegenüber Pathogenen herabsetzen, so daß die erwähnte Beziehung zwischen Alter (bzw. Größe) und Empfindlichkeit gestört sein kann, sobald man Tiere in der Mitte eines Stadiums mit solchen vergleicht, die am Anfang oder am Ende eines Lebensabschnittes stehen.

Insbesondere von Virosen ist bekannt, daß sie generationenlang latent in einer Population vorhanden sein können, ehe es zum Ausbruch kommt, wobei außer einer Schwächung der Insekten auch die Veränderung des Erregers Auslöser des aufflammenden Krankheitsgeschehens sein kann.

Die Anwendung von Insektenpathogenen zur Schädlingsbekämpfung wurde bereits 1838 von Bassi vorgeschlagen. Daß auch die erste Erprobung in der Praxis schon im vorigen Jahrhundert erfolgte, wurde auf S. 14 erwähnt.

4.4.2. Insektenbekämpfung mit Hilfe von Viren

Die Zahl der beschriebenen Insektenviren hat sich in den letzten Jahren schnell erhöht. Neu hinzugekommene Formen haben alte Einteilungen zweifelhaft oder unzulänglich werden lassen. Nachfolgend werden im wesentlichen nur Viren bzw. Virosen behandelt, die für biologische Bekämpfungsmaßnahmen bereits angewendet werden oder dafür in Frage zu kommen scheinen. Eine Übersicht gibt Tab. 3.

Insektenviren sind Zellpathogene, die vor allem aus Lepidopteren und phytopathogenen Hymenopteren bekannt sind. Sie kommen jedoch auch in fast allen anderen Insektenordnungen vor. So ist heute eine Reihe von Virosen auch aus Coleopteren beschrieben, die zunächst von dieser Krankheitsgruppe verschont zu sein schienen. Die Infektion mit Viren erfolgt ausschließlich bei der Nahrungsaufnahme. Der schlagartige Zusammenbruch von Insektenkalamitäten durch Viruskrankheiten, der vor allem von Forstinsekten (z. B. Wipfelkrankheit der Nonne) bekannt ist, bietet natürlich einen großen Anreiz für Bemühungen um den Einsatz von Viren zur biologischen Bekämpfung. Es ist jedoch zu berücksichtigen, daß eine solche Massenerkrankung kaum durch eine innerhalb kurzer Zeit erfolgende Ausbreitung des Erregers zum Ausbruch kommt. Zweifellos hätte die Anwendung von Virosen in der biologischen Bekämpfung schon einen weitaus größeren Umfang, wenn es nur darauf ankäme, das benötigte Ausgangsmaterial zu gewinnen und zu verteilen. Im Einzelfall genügt das zwar durchaus, aber ohne weiteres darf man nicht mit einem entsprechenden Effekt rechnen.

Andererseits ergibt sich aus der Tatsache, daß das Vorhandensein des Erregers nicht die einzige Voraussetzung für eine Virusepidemie bildet, theoretisch die Möglichkeit, durch Stressfaktoren, wie z. B. subletale Insektiziddosen, den Ausbruch einer latent vorhandenen Virose herbeizuführen. Die Kombination mit geringen Insektizidmengen

Tabelle 3
Übersicht über die wichtigsten insektenpathogenen Viren

	Morphologie, Bildungsort	Pathogenese	Wirte und Beispiele
Virionen mit DNS			
Iridoviren	isodiametrisch, ohne Einschließungskörper; Entstehung im Zytoplasma	Befall von Fettkörper, Epidermis, Imaginalscheiben, Ganglien- und Muskelzellen. Der Fettkörper irisiert grün, orange oder violett (Name!)	Hemiptera?, Diptera (Nematocera), Coleoptera, *Apis mellifera*; experimentell auf Insekten anderer Ordnungen übertragbar. *Tipula-Iridovirus*
Baculovirus-Gruppe	stäbchenförmige Virionen, die meist im Kern entstehen u. fast immer Einschließungskörper besitzen, die v. Proteinmembran umgeben sind	zunächst Befall d. Mitteldarmzellen (Darmpolyedrose vor allem b. Hymenoptera u. Diptera). B. Raupen Infektion fast aller Organe	
Baculovirus-Untergruppe (= *Rhabdionvirus*)	in d. Regel ohne Einschließungskörper		Coleoptera. *Baculovirus* aus *Oryctes rhinoceros*
Granulosevirus-Untergruppe (GV) (= *Bergoldiavirus*)	Virionen einzeln im Einschließungskörper		Lepidoptera. GV von Apfelwickler u. Weißlingen
Kernpolyedervirus-Untergruppe (NPV) (= *Borrelinavirus*)	im Einschließungskörper 10–100 Virionen		Lepidoptera, Hymenoptera, Diptera, Neuroptera, Orthoptera, Trichoptera, Coleoptera, NPV aus *Neodiprion sertifer*, Erreger v. Wipfelkrankh. d. Nonne u. Gelbsucht d. Seitenraupe

Poxvirus-Gruppe	quader- bis eiförmig, b. Insekten mit Einschließungskörper		Wirbeltiere u. Insekten
Polypox-Untergruppe (PPV) (= *Entomopoxvirus*)	10—100 Virionen in kugelförmigen, v. Membran umgebenen Polyedern. Entwicklung im Zytoplasma	Infektion v. Fettkörper, Blutzellen, Trachealmatrix, Hüllen v. Gonaden u. Bauchmark usw.	Diptera (Nematocera), Coleoptera, Lepidoptera, Orthoptera. PPV v. Maikäfer u. Kl. Frostspanner
Virionen mit RNS			
Zytoplasmapolyederviren (CPV) (= *Smithiavirus*)	100—1000 Virionen in einem Einschließungskörper ohne nachweisbare Hülle. Entstehung d. Polyeder im im Zytoplasma	vor allem in Mitteldarmzellen: Darmpolyedrose, Polyeder mit d. Kot ausgeschieden. Oft latent.	besonders Lepidoptera, ferner Diptera, Symphyta, Neuroptera. CPV v. *Thaumetopoea pityocampa*
Moratorvirus-Gruppe	kugelige Viren ohne Einschließungskörper, Entstehung im Zytoplasma	Infektion v. Fettkörper u. a. inneren Organen, z. T. Zerstörung d. Mitteldarmepithels	*Apis mellifera* (Larven u. Imag.), Lepidoptera, Coleoptera, Acari. Sackbrut d. Honigbiene, Flacherie d. Seidenraupe
Rhabdovirus	stäbchen- od. geschoßförmig, ohne Einschließungskörper	b. *Drosophila* nur über Geschlechtzellen übertragen, großenteils auf Gonaden beschränkt. (Bei Milben Befall d. Mitteldarmzellen)	Wirbeltiere u. Pflanzen, als als Vektoren Culicidae u. Homoptera. *Drosophila*, Acari (hier wohl Ursache d. zunächst einem Moratorvirus zugeschriebenen Krankheit)

bietet sich natürlich auch bei der Neueinführung von Viren in die Population an und schließlich besteht theoretisch die Möglichkeit, dort, wo ein Krankheitserreger ungenügend wirkt, Kombinationen verschiedener Pathogene anzuwenden, wobei es sich nicht unbedingt um die Kombination zweier Viren handeln muß. Synergismus zwischen Krankheitserregern ist aber eher die Ausnahme als die Regel.

Die oft hervorgehobene strenge Spezifität der Viren trifft nicht generell zu. Artspezifisch sind Granuloseviren, Entomopoxviren und einige einschließungskörperlose Viren. Kernpolyederviren sind meist (nicht immer!) gattungs- oder familienspezifisch, Zytoplasmapolyederviren (CPV) und vor allem Iridoviren im Durchschnitt polyvalenter als diese.

Eine gewisse Wirkungsbreite, die sich auf verwandte Arten beschränkt, ist sicher kein Nachteil, denn dadurch wird die Verarbeitung zu einem Handelspräparat möglicherweise erst lohnend. Wirkt ein Virus z. B. nicht nur gegen eine sondern gegen acht Eulenarten, kann es trotzdem kaum zu unerwünschten Nebenwirkungen kommen, da eine an sich unbedeutende Art im konkreten Fall am Schaden mitbeteiligt ist. Viruskrankheiten werden häufig an die Nachkommenschaft weitergegeben, wodurch die Persistenz in der Biozönose erleichtert wird.

Der erwartete Erfolg einer Virusapplikation kann u. a. deswegen ausbleiben, weil das Virus zu schnell von der Ultraviolett-Strahlung des Sonnenlichtes inaktiviert wird. Bei der Ausbringung eines Kernpolyedervirus gegen *Heliothis zea* wurde festgestellt, daß die versuchsweise auf Baumwollblätter gestrichenen Polyeder bereits nach einem Tag den größten Teil ihrer Viurlenz verloren hatten. Bei anderen NPV wurde eine ähnliche UV-Empfindlichkeit festgestellt. In einem Fall betrug der Aktivitätsverlust in 4 Stunden bereits 70%. Für die Anwendung ergibt sich hieraus der Hinweis, daß Viren möglichst nicht am Morgen strahlungsreicher Tage ausgebracht werden sollten.

Durch Zusatz von UV-Protektoren, namentlich Aluminium- oder Kohlepulver, kann die Beständigkeit der Beläge erhöht werden. Bei einer Aufwandmenge von etwa 1,1 kg/ha verlängerte Aktivkohle die Halbwertzeit des Handelspräparates gegen *Heliothis zea* (damals Viron/H, jetzt Elcar) von 1 auf ca. 3d. Auch Magermilchpulver, Eialbumin und Hefe verlängerten die Wirkungsdauer von Viruspräparaten. Gelegentlich hatte die Pflanzenart einen bemerkenswerten Einfluß auf die Beständigkeit des Virusbelages. Beim NPV von *Heliothis armigera* sank in Botswana der Titer an Baumwolle in 2d erheblich ab, nicht aber an Sorghum, wo noch nach 30d eine Virusaktivität feststellbar war. Wie auch bei Bakterien wird im Boden eine Wirkungsdauer anderer Größenordnung erreicht. So verursachte *Entomopox-Virus melolonthae* noch nach vier Jahren die gleiche Engerlingssterblichkeit wie zu Anfang.

Im Fall der Viren mit Einschließungskörper ist die Herstellung einer Virussuspension im kleinen Maßstab sehr einfach. Man sammelt an der Krankheit eingegangene oder moribunde Insekten ein, und läßt sie in Wasser ausfaulen.

Die Polyeder sinken zu Boden und können nach Dekantieren erneut aufgeschwemmt werden. So hat man schon nach wenigen Tagen ein einsatzfähiges Präparat, das verspritzt oder versprüht werden kann. Es läßt sich jedoch auch bis zum nächsten Jahr, im Kühlschrank sogar mindestens ein Jahrzehnt, aufbewahren, ohne wesentlich an Wirkung einzubüßen. Kalifornische Farmer gewinnen kranke oder tote Raupen als Ausgangsmaterial für die Bekämpfung des Luzernefalters (*Colias eurytheme*) in größerem Umfang mit Hilfe eines Schaufelvorsatzes am Traktor. Da sich Viren nur in lebenden Zellen vermehren, ist ein Übergang zu irgendwelchen synthetischen Medien mit dem Ziel einer industriellen Produktion nicht möglich. Ist die Gewinnung des Ausgangsmaterials aus dem Freiland nicht rentabel, so bleibt der Weg der Produktion mit Hilfe von Insektenzuchten, falls sich nicht etwa — was unwahrscheinlich ist — die Zucht in Zell- oder Gewebskulturen als konkurrenzfähig herausstellen sollte. Bei entsprechender Rationalisierung der benötigten Insektenzuchten können Viruspräparate zu durchaus annehmbaren Preisen hergestellt werden. So wurden z. B. zur Anzucht von 200 Infektionslarven des 3. Stadiums bei einer Eule nur 2 Arbeitsstunden benötigt. Aus einer Larve der Blattwespe *Neodiprion sertifer* konnte die 3300fache Menge des zur Infektion verwendeten Virus gewonnen werden.

Als Anhalt für die benötigte Konzentration kann angegeben werden, daß in erfolgreichen Feldversuchen meist 10^5 bis 10^7, gelegentlich auch 10^8 Polyeder/ml angewendet wurden. Als Aufwandmenge erfolgreicher Versuche oder in die Praxis eingeführter Verfahren wird für NPV oft eine Polyedermenge in der Größenordnung von 10^{11}/ha angegeben, d. h. tausend bis mehrere tausend/cm^2. Gegen die Kiefernbuschhornblattwespe *Neodiprion sertifer* bewährten sich in Nordamerika jedoch bereits 2×10^7 Polyeder/ha und gelegentlich noch geringere Aufwandmengen. Schwammspinnerraupen (*Lymantria dispar*) erkrankten schon bei einer Verabreichung von 4 oder 10 Polyedern/Larve. Bei geringer Mortalität zeigte sich dabei eine Reihe von Schäden, die bei langfristigen Bekämpfungsprogrammen ebenfalls zählen.

Zunächst wurden Virussuspensionen meist mit relativ großen Wassermengen ausgebracht, da eine gleichmäßige Verteilung wie auch bei Bakterienpräparaten und Fraßgiften bedeutungsvoller als bei Kontaktinsektiziden ist. Bei erfolgreichen Bekämpfungsversuchen an *Neodiprion lecontei* in Kanada genügten jedoch knapp 10 l/ha und in Japan war eine NPV-Ausbringung gegen die Noctuide *Spodoptera litura* sogar im ULV-Verfahren mit 0,5 l/ha erfolgreich. Die fertige Brühe enthält oft Netz- und Haftmittel.

Die ersten, allerdings mißglückten Versuche zur Insektenbekämpfung mit Hilfe von Viren wurden wohl 1924 in Böhmen unternommen. Man hoffte damals, die Wipfelkrankheit der Nonne durch Waldstreu von einem Epidemiegebiet in ein Gebiet, in dem die Raupen gesund waren, verpflanzen zu können.

Nachdem zunächst der in den USA und in Kanada jahrzehntelang mit allen Mitteln geführte Kampf gegen die aus Europa eingeschleppte Fichtenbuschhornblattwespe *Diprion* (*Gilpinia*) *hercyniae* durch ein wahrscheinlich mit Parasitensendungen unbeabsichtigt eingeführtes und dann teils natürlich, teils gezielt ausgebreitetes NPV so nachhaltig beendet werden konnte, daß die Blattwespe seit mehr als 30 Jahren keine Bedeutung mehr hat, erfolgte im gleichen Gebiet der erste Großeinsatz gegen die ohne ihr in Europa weit verbreitetes Virus ins Land gekommene Gelbrote Kiefernbuschhornblattwespe *Neodiprion sertifer*. Seit 1950 brachte man ihr NPV großflächig aus, wobei im Flugzeugeinsatz z. T. nur mit einer Aufwandmenge von 4 l/ha gearbeitet wurde. Die Bekämpfung hatte einen vollen Erfolg und führte auch zur Einbürgerung des Virus, so daß die Blattwespe kaum noch schädlich wird.

Obwohl das Virus in Europa immer wieder zum Erlöschen von Massenvermehrungen der hier relativ unbedeutenden Blattwespe beiträgt, und man daher annehmen kann, daß eine zusätzliche Ausbringung des Virus keinen großen Wert haben würde, konnte die Wespe damit zunächst im Südwesten der BRD, später in verschiedenen anderen europäischen Ländern mit gleich gutem Ergebnis wie in Nordamerika bekämpft werden. Vielleicht ist dieser bemerkenswerte Erfolg dadurch zu erklären, daß es — obwohl jede am Virus gestorbene Larve eine hinreichende Zahl von Polyedern enthalten dürfte, um 1 ha mit einer tödlichen Dosis zu kontaminieren — im natürlichen Krankheitsgeschehen geraume Zeit dauert, ehe eine zur Masseninfektion führende Viruskonzentration erreicht wird. Die Polyeder werden durch Abspülung und Herabfallen der Larven leicht aus dem Fraßbereich entführt, während es nur in geringem Umfang zur Ausbreitung innerhalb desselben kommt, und die UV-Strahlung der Anreicherung infektionsfähiger Viruspartikel entgegen arbeitet.

Etwa in der gleichen Zeit, in der in Kanada die Bekämpfung von *N. sertifer* begann, bürgerte sich in Kalifornien die erwähnte Bekämpfung des Luzernefalters ein. Das NPV wurde auch in diesem Fall großenteils mit dem Flugzeug ausgebracht.

Für die erfolgreiche Virusanwendung seien lediglich einige weitere Beispiele genannt:

Dendrolimus spectabilis wurde in Japan an Kiefer mit einem CPV und *Lymantria fumida* an *Abies firma* und *Larix leptolepis* kombiniert mit einem NPV und einem CPV bekämpft. Gegen ältere Stadien von *D. spectabilis* wurden mit der vergleichsweise niedrigen Aufwandmenge von 10^{11} Polyedern/ha gute Ergebnisse erzielt.

In Frankreich wurde bereits 1958 mit der Bekämpfung des Pinienprozessionsspinners (*Thaumetopoea pityocampa*) mit einem CPV begonnen. Zum Teil wurde das Virus vom Hubschrauber ausgebracht. Erstmalig wurde auch eine pulverförmige Formulierung angewendet. Das Ausgangsmaterial wurde durch große Zuchten bereitgestellt. Die Erfolge der Bekämpfung waren im allgemeinen gut bis sehr gut.

Die Nonne (*Lymantria monacha*) wurde 1969 in Schweden mit 70 l/ha einer Suspension von 10^7 Polyedern/ml bekämpft. In einem Lärchenbestand gingen 80% der Raupen etwa 2 Wochen nach der Bekämpfung ein, an Kiefer war die Sterblichkeit geringer und der Schaden war gegenüber der Kontrollfläche nur unwesentlich gesenkt. Im nächsten Jahr wurde der günstige Effekt der Virusbehandlung jedoch deutlich, denn jetzt begannen auf den Kontrollflächen Bäume abzusterben, während sich die Benadlung virus- und insektizidbehandelter Bäume kaum unterschied. Später wurde die Nonne auch in Dänemark mit ihrem NPV bekämpft, wobei wiederum erst im zweiten Jahr ein deutlicher Effekt eintrat.

In Hawaii wurde die Eule *Pseudaletia unipuncta* mit der Kombination NPV + GV erfolgreich bekämpft. Auch ältere Raupen starben zu 80%, während die beiden Virosen einzeln nur eine Sterblichkeit von 20% bewirkten.

Der im pazifischen Raum außerordentlich schädliche Kokosnuß-Nashornkäfer (*Oryctes rhinoceros*) wurde ab 1967 durch Import von *Rhabdionvirus oryctes* aus Malaysia bekämpft. Vor allem in West-Samoa, auf den Fidschi- und Tonga-Inseln sowie auf Mauritius wurde der Schaden beträchtlich vermindert. Bemerkenswert war in diesem Fall die schnelle Ausbreitung der Viruskrankheit durch die Imagines, deren Kot bis zu 50% Virionen enthalten kann; auf einer der Tonga-Inseln betrug die Ausbreitungsgeschwindigkeit bis 3 km/Monat!

Kapselviren (GV), denen zunächst eine geringere Bedeutung für die biologische Bekämpfung als Polyederviren beigemessen wurde, werden heute günstiger beurteilt. In der BRD wurde der Apfelwickler (*Laspeyresia pomonella*) in zwei witterungsmäßig sehr unterschiedlichen Jahren mit seiner Granulose bei 4 Applikationen (1—2 Larvenäquivalente/Baum) erfolgreicher als mit der gleichen Zahl von Parathion-Spritzungen bekämpft. In Usbekistan bzw. Kasachstan durchgeführte Bekämpfungen von Saateule (*Agrotis segetum*) und Queckeneule (*Apamea anceps*) bestätigten ebenfalls die Eignung von GV. Schließlich gehört dazu auch der Erreger einer Krankheit der Weißlinge (*Pieris* spp.), die sich längere Zeit an einer bestimmten Stelle halten kann, da die Kapseln mit hochspritzenden Regentropfen wieder auf die relativ niedrigen Fraßpflanzen gelangen.

Nach achtjähriger eingehender Prüfung durch die Gesundheitsbehörden wurden 1970 in den USA die ersten kommerziellen Viruspräparate zugelassen. Es handelte sich dabei um das NPV der Baumwolleule *Heliothis zea*, die gegen alle üblichen Insektizide resistent geworden war. Das Virus ist auch zur Bekämpfung von 5 anderen Heliothis-Arten mehr oder weniger gut geeignet. Ein ausreichender Schutz der Kulturen ist nur bei mehreren Applikationen in einer Vegetationsperiode gewährleistet. Ein Präparat 6×10^9 Polyedern/g erwies sich gegenüber einem *Bacillus thuringiensis*-Präparat überlegen. Im Versuch wurde das Virus auch auf Kontrollparzellen übertragen. Gegenüber einer Insektizidanwendung hat die Virusbekämpfung am Mais den Vorteil, daß Grünmasse und nicht absetzbare Kolben siliert und verfüttert werden können. Eine Toleranzgrenze für Rückstände wurde nicht vorgeschrieben.

Inzwischen gibt es in den USA auch ein Präparat zur Bekämpfung der amerikanischen Kohleule (*Trichoplusia ni*) und ein auch gegen andere Lepidopteren wirksames Präparat mit dem NPV aus *Autographa californica*. Für den forstlichen Einsatz wurden Bekämpfungsmittel mit dem NPV folgender Schädlinge anerkannt: *Hemerocampa pseudotsugata* (USA), *Dendrolimus spectabilis* (Japan) und *Neodiprion sertifer* (Finnland). Versuchspräparate zur Schwammspinnerbekämpfung existieren in der UdSSR (Wirin-Ensch) und in den USA. Auf der Krim gegründete Laboratorien produzieren u. a. ein Virus zur Bekämpfung des Weißen Bärenspinners (*Hyphantria cunea*). An Viruspräparaten gegen die Kohleule (NPV) und den Apfelwickler (GV) wird sowohl in der UdSSR wie in Westeuropa gearbeitet. In der UdSSR ist das Kohleulenpräparat (Wirin-Eks), das auch gegen andere Eulenraupen an Kohl wirkt, schon geraume Zeit im Einsatz.

Außer den oben genannten Beispielen gibt es zahlreiche weitere Einsatzmöglichkeiten, die in verschiedenen Ländern geprüft und z. T. schon in die Praxis eingeführt wurden. Manche erfolgversprechende Verfahren wurden nicht praxiswirksam und manche Versuchsanstellungen aufgegeben, weil viele schädliche Schmetterlinge inzwischen bakteriell besser bekämpft werden können. Der Einsatz von Virosen scheint daher vor allem in der Bekämpfung von Blattwespenlarven und Eulen (Noctuidae) eine Zukunft zu haben, da diese mit Bakterienpräparaten nicht oder nur mit sehr mäßigem Erfolg bekämpfbar sind. Eine Ausnahme macht jedoch Japan, wo die Seidenraupenzucht durch *Bacillus thuringiensis* stärker gefährdet ist als durch die spezifischeren Viruspräparate. Bei der Entscheidung zwischen Bakterien- und Viruspräparaten sollte jedoch auch in Betracht gezogen werden, daß trotz oft weitgehend negativer Befunde bei der Untersuchung der Eier häufig eine Übertragung der Viren auf die nächste Generation erfolgt, so daß die Wirkung viel nachhaltiger als bei einer bakteriellen Bekämpfung sein kann.

4.4.3. Rickettsien als Insektenpathogene und die Möglichkeit ihrer Anwendung

Rickettsien sind in ihren verwandtschaftlichen Relationen ungeklärte Organismen. Ihre Beziehungen zu den Insekten sind doppelter Natur: Einerseits werden wichtige Krankheitserreger des Menschen und anderer Säugetiere durch Insekten übertragen (die an den übertragenen Erregern erkranken können), andererseits gibt es insektenspezifische Rickettsien. Bis heute kennt man jedoch nicht mehr als etwa ein Dutzend Rickettsiosen bei Insekten, deren Wirte zu den Orthopteren, den Coleopteren, den Lepidopteren und den Dipteren gehören. Von Interesse für die eventuelle Anwendung ist der Erreger der Lorscher Krankheit der Engerlinge, *Rickettsiella melolonthae*, der bei Maikäfern und verwandten Blatthornkäfern vorkommt, aber auch für andere Insekten pathogen ist. Das Auftreten der Krankheit ist daran erkennbar, daß erkrankte Engerlinge an die Oberfläche kommen. Bei *Amphimallon solstitialis* konnte die Weitergabe der Rickettsien an die Nachkommenschaft nachgewiesen werden und wahrscheinlich erfolgt auch eine Übertragung bei der Begattung. Damit ergibt sich die Möglichkeit, dauerhafte Krankheitsherde zu schaffen. Das Einbringen von Rickettsien in eine Population kann besonders im Zusammenwirken mit anderen Krankheiten, deren Wirkung allein nicht ausreichend ist, Vorteile bringen, da eine Rickettsieninfektion das Ausbrechen sonst tolerierter Pathogene bewirkt. Vorteilhaft für die Arbeit mit *R. melolonthae*, ist die Widerstandsfähigkeit, die eine mehrjährige Aufbewahrung gestattet, andererseits gilt für die

Vermehrung der Rickettsien überwiegend das gleiche wie für Viren, denn auch sie lassen sich nur in lebenden Zellen züchten. Allerdings ist es nicht ganz ausgeschlossen, daß man sie in großer Menge auch aus Mäusen gewinnen kann, die man mit intraperitonealer Injektion, aber auch auf dem Atemweg mit *R. melolonthae* infizieren kann. Bei Einatmung größerer Mengen ist der Erreger zwar auch für den Menschen pathogen, doch wäre eine Engerlingsbekämpfung vielleicht vertretbar, wenn dabei keine Aerosole entstehen. Entsprechende Versuche wurden bisher in Frankreich und in Schweden durchgeführt. Da der Maikäfer in vielen ehemaligen Schadgebieten, wohl wegen des häufigen Insektizideinsatzes, bedeutungslos geworden ist, ist es jedoch fraglich, ob sich weitere Bemühungen um seine Bekämpfung mit Rickettsien lohnen.

4.4.4. Bakterielle Insektenbekämpfung

Da es vielfach unsicher ist, ob es sich bei Bakterien, die in einem toten Insekt festgestellt wurden, um pathogene oder saprophytische Formen handelt, ist die Diagnose bakterieller Insektenkrankheiten oft schwer, zumal es fakultativ pathogene Bakterien gibt, die den Wirt nur unter Stressbedingungen ernsthaft schädigen oder abtöten und auch normale Glieder der Darmflora schwere Erkrankungen hervorrufen können, wenn sie die Darmschranke überwinden und in die Leibeshöhle gelangen. Hinzu kommt, daß die Taxonomie der Bakterien noch keinen befriedigenden Stand erreicht hat, so daß manche beschriebenen Insektenbakteriosen nicht mit Sicherheit wiedererkannt und Versuchsergebnisse nicht immer reproduziert werden können. Abgesehen davon, daß morphologische Kriterien für die Unterscheidung unzureichend sind, gliedern sich viele Bakterienarten in Stämme und wahrscheinlich entstehen bei der überaus schnellen Generationsfolge sehr häufig neue Formen, die es einfach unmöglich machen, zu dauerhaften Einteilungsprinzipien zu kommen.

Im Gegensatz zu Viren und Protozoen sind insektenpathogene Bakterien extrazelluläre Parasiten, die ihre Wirte durch Fermente und Toxine schädigen. Oft sind sie so polyphag, daß sie Krankheiten bei Insekten verschiedener Ordnungen hervorrufen. Für *Pseudomonas aeruginosa* werden außer Heuschrecken, Käfern und Wanzen sogar Säugetiere (Wundinfektionen beim Menschen) als Wirte angegeben und im Experiment ließen sich mit diesem Erreger selbst Pflanzen infizieren.

Insektenpathogene Bakterien gibt es bei den Pseudomonadaceae, den Enterobacteriaceae, den Micrococcaceae, den Lactobacillaceae und den Bacillaceae. Bekannte bakterielle Insektenkrankheiten sind die Gutartige und die Bösartige (oder amerikanische) Faulbrut der Honigbiene.

Da hier kein allgemeiner Überblick über die Insektenpathologie gegeben werden soll, können sich die weiteren Betrachtungen auf die Bacillaceae, die zu den Eubacteriales gehören, beschränken, obwohl in der Vergangenheit (seit dem ersten Viertel unseres Jahrhunderts) auch mit Bakterien anderer Familien Bekämpfungsversuche gemacht wurden.

Von großem Vorteil für die biologische Bekämpfung ist die Fähigkeit der Bakterien, sich im Gegensatz zu Viren und Sporozoen auf künstlichen Nährböden und in Nährflüssigkeiten zu vermehren. Damit steht ihrer fabrikmäßigen und relativ billigen Produktion nichts im Weg. Viele Bacillaceae bilden Sporen aus, die eine erhebliche Widerstandsfähigkeit besitzen, so daß sie unter normalen Temperaturbedingungen jahrelang gelagert und (im Gegensatz zu vegetativen Bakterienzellen) mit den in der Insektizidausbringung bewährten Stäube-, Spritz- und Sprühgeräten ausgebracht werden können. Zudem werden bei der Sporulation teilweise Toxine gebildet, die für die Bekämpfung oft entscheidender als das Angehen der Infektion sind und unter Umständen bewirken, daß der Schadfraß sofort aufhört, was mit der Applikation anderer Pathogene nicht zu erreichen ist. Wie die Mehrzahl der übrigen Krankheitserreger gelangen auch die Bakterien fast ausschließlich über den Mund in den Körper, infolgedessen kommen auch sie zur Bekämpfung von Pflanzensaugern nicht in Frage.

Die erste bakterielle Insektenkrankheit, die praktische Bedeutung für die Bekämpfung erlangte, ist die „Milky disease“ (Milchkrankheit) der Engerlinge des Japankäfers (*Popillia japonica*), eines aus Ostasien nach Nordamerika eingeschleppten Blatthornkäfers, obwohl gerade bei ihrem Erreger die Zucht in künstlichen Nährmedien nicht glückte und die Vermehrung nur in Engerlingen erfolgt, die nach dem Tode vermahlen und mit einem Trägerstoff gestreckt werden. In einem Engerling kommen Milliarden von Sporen zur Entwicklung, die die Hämolymphe derart trüben, daß die Krankheit schon äußerlich erkennbar ist, da z. B. die Beine ihre Durchsichtigkeit verlieren. Am Krankheitsbild pflegen mehrere Erreger beteiligt zu sein und teilweise enthalten auch die Handelspräparate einen 2. Erreger. Die beim Zerfall eines toten Engerlings frei werdenden Sporen bleiben im Boden jahrelang infektionsfähig, vielleicht sogar Jahrzehnte. Die Schaffung eines Infektionsherdes verspricht also eine Dauerwirkung; örtlich war die Populationsdichte noch nach drei Jahrzehnten auffallend niedriger als in Milky-disease-freien Gebieten. Die Erfahrung zeigt auch, daß einmal begründete Krankheitsherde sich ausbreiten, wofür wahrscheinlich solche Imagines verantwortlich sind, die sich aus spät infizierten Engerlingen entwickelten.

Die Ausbringung der Präparate erfolgt durch Bodeninjektion oder ohne nennenswerte zusätzliche Kosten zusammen mit der Mineraldüngung. Von 1939 bis 1953 wurden in den USA 80000 ha bakteriell gegen den Japankäfer behandelt, wobei über 100 t Bekämpfungsmittel ausgebracht wurden. Die Nachhaltigkeit der Wirkung hat dazu beigetragen, daß der Käfer viel an Bedeutung verloren hat. In den letzten Jahren hat die Wirksamkeit des Bakterienpräparates jedoch nachgelassen.

In Westeuropa wurde auch beim Maikäfer eine „Milky disease“ festgestellt, deren Erreger als *Bacillus popilliae* var. *melolonthae* bezeichnet wird. Versuche, damit die Engerlingsprobleme biologisch zu lösen, hatten kein greifbares Ergebnis. Die Spezifität von *B. popilliae* ist so groß, daß die Krankheit des Japankäfers nicht zur Maikäferbekämpfung benutzt werden kann.

Eine überragende Bedeutung in der mikrobiellen Bekämpfung hat *Bacillus thuringiensis* (*B. t.*) erlangt, von dem bereits 12 serologische Typen und 17 Varietäten beschrieben wurden. Die verschiedenen Präparate unterscheiden sich entsprechend in ihrem Ausgangsmaterial.

B. t. verdankt seinen Artnamen dem Umstand, daß er (1909 durch Berliner) in Mehlmotten entdeckt wurde, die aus einer thüringer Mühle stammten. Er gehört (wie *B. popilliae*) zu den Bakterien, die in der Sporenmutterzelle zusammen mit den Sporen Kristalle bilden. Diese Kristalle enthalten das nur gegen Lepidopterenraupen wirksame Endotoxin. Durch die vegetativen Zellen werden weitere, als Exotoxin zusammengefaßte Gifte erzeugt und an das Kulturmedium abgegeben.

Dadurch ist eine dreifache Wirkung möglich (Abb. 12). Das Endotoxin greift innerhalb von 10 min. das Darmepithel empfindlicher Raupen (nicht alle Arten!) an. Oft wird der Fraß sofort eingestellt, der Tod tritt jedoch meist erst nach Tagen ein. Bei vielen Arten wird er durch Darmbakterien verursacht, die in Leibeshöhle und Blutstrom gelangen. Dort, wo pathogene Darmbakterien fehlen, wird eine entsprechende Septikämie häufig durch vegetative Zellen von *B. t.* hervorgerufen, falls die Sporen überhaupt noch auskeimen und nicht schon durch das Sonnenlicht inaktiviert wurden. Es kommt also durchaus nicht immer zur Vermehrung von *B. t.* im Wirt.

In den letzten Jahren wurden mehrfach zu verschiedenen Serotypen gehörende Stämme von *B. t.* gefunden, die auch gegen Stechmücken wirksam sind. Dabei handelt es sich nicht um eine Abtötung durch Exotoxin. Überraschenderweise zeigten ferner zwei Handelspräparate,

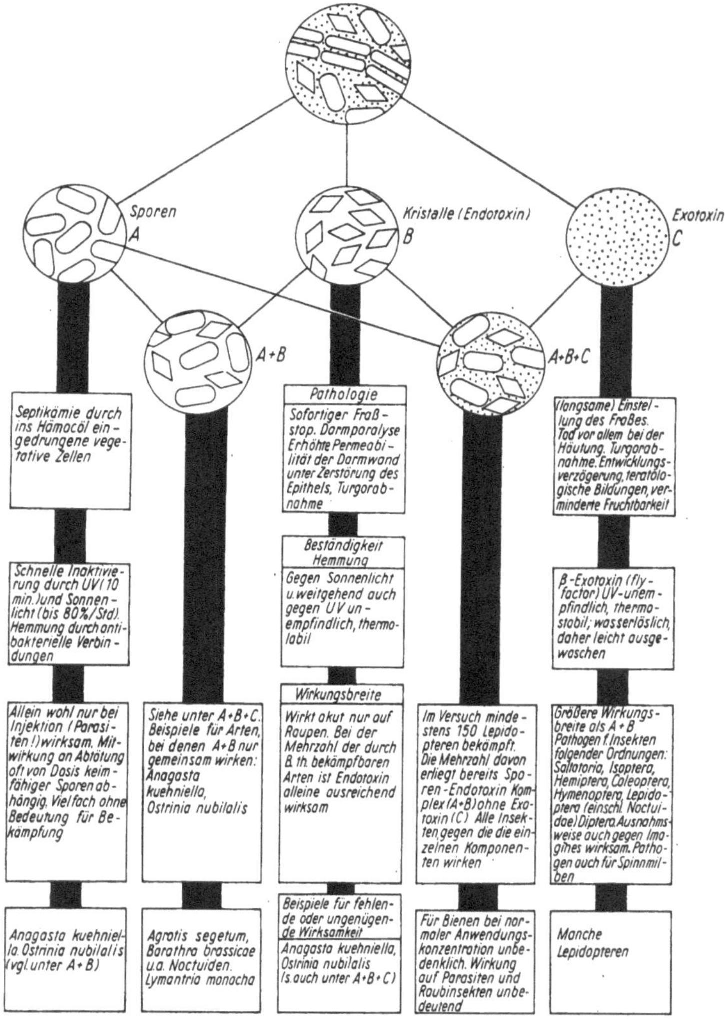

Abb. 12. **Pathologie, Beständigkeit und Wirkungsbreite** der einzelnen Komponenten von *Bacillus-thuringiensis*-Präparaten

die kein Exotoxin enthalten, eine beachtliche Wirksamkeit gegenüber der Kleinen Fichtenblattwespe (*Pristiphora abietina*), der Sporen-Endotoxinkomplex erwies sich gegenüber mehreren Haarlingsarten als wirksam und schließlich wurde die Pharao-Ameise (*Monomorium pharaonis*) mit *B. t.* erfolgreicher als mit Insektiziden bekämpft. Im letzteren Fall wurde die Vermutung geäußert, daß die Sporen auf dem Fleischköder ausgekeimt wären, und die vegetativen Zellen Exotoxin gebildet hätten. Jedenfalls zeigte sich, daß die auch Abb. 12 zugrunde liegende Lehrmeinung von der auf Raupen beschränkten Wirksamkeit des Sporen-Endotoxin-Komplexes nicht ohne Ausnahmen gilt und leicht dazu führen kann, daß eine auch bei anderen Insekten gegebene Bekämpfungsmöglichkeit verpaßt wird.

Gegen Parasiten und Raubinsekten ist *B. t.* im allgemeinen nicht wirksam, wenngleich es natürlich vorkommt, daß der Wirt stirbt, ehe der Parasit seine Entwicklung vollendet hat. In Rumänien entfalteten entomophage Insekten nach einer Schwammspinnerbekämpfung mit 90 bis 98% Wirksamkeit eine hohe Aktivität.

Abgesehen von der direkten Abtötung der Raupen durch *B. t.* gibt es weitere Effekte, die die Wirkung einer Bekämpfung erhöhen:

Verminderung von Größe und Gewicht der Puppen
Verlängerung der Puppenruhe
Verringerung des Schlüpferfolges
Verkürzte Lebensdauer der Imagines
Verringerte Fruchtbarkeit der ♀♀

Gelegentlich wurde auch eine Verminderung der zellulären Abwehr (Einkapselung) von Parasiteneiern und -larven beobachtet. Durch Exotoxin hervorgerufene teratologische Effekte traten beim Kartoffelkäfer sogar noch in der nächsten Generation auf.

Exotoxin, das z. B. auch auf manche Hymenopteren und Dipteren wirkt, ist nur in einem Teil der Handelspräparate enthalten, zumal es nicht von allen

Stämmen gebildet wird. Es verbessert die fast durchweg ungenügende Wirkung von *B. t.* gegen Eulenraupen, nimmt den Präparaten aber die meist erwünschte Spezifität. Trotzdem können auch exotoxinhaltige Präparate als bienenungefährlich gelten, man hat sie sogar in die Mittelwände eingearbeitet, um die Stöcke mit jahrelang anhaltender Wirkung vor Wachsmotten zu schützen. Etwaige Verluste unter Prädatoren und Parasiten sind in der Regel unbedeutend.

Völlig unbedenklich ist *B. t.* für Wirbeltiere. Rindern und Hühnern hat man sehr hohe Dosen gefüttert, um die Entwicklung von Fliegenmaden in den Exkrementen zu unterbinden, ohne daß es zu Erkrankungen kam. Wo Futter für Seidenraupen geerntet wird, dürfen Bakterienpräparate nicht angewendet werden.

In der praktischen Anwendung ist bisher keine Resistenz gegenüber *B. t.* aufgetreten. Im Versuch konnte dagegen ein nach 30 Generationen gegen das Exotoxin resistenter Fliegenstamm (*Musca domestica*) gezüchtet werden. Andererseits gab es bei einem mit hohem Selektionsdruck durchgeführten entsprechenden Versuch an der Kohlschabe (*Plutella maculipennis*) in der 11. Generation noch keine gesteigerte Toleranz gegenüber dem Sporen-Endotoxin-Komplex.

Für Imagines ist *B. t.* kaum pathogen. Da es ferner auch bei starker vegetativer Vermehrung in den Raupenkadavern kaum zu einer Sporenbildung kommt, fehlen die Voraussetzungen für eine auch die nächste Generation einschließende Dauerwirkung fast völlig. Wie gering die Chancen für eine Weitergabe des Pathogens im Freiland sind, kann man auch daraus ableiten, daß es selbst bei gemeinsamer Haltung von gesunden und künstlich infizierten Raupen kaum zu einer Ansteckung kommt. Wenn trotzdem gelegentlich über im Vergleich zu Insektizidflächen schwächeres Auftreten von Schadinsekten der nächsten Generation auf den mit *B. t.* behandelten Kulturen berichtet wird, ist das wohl eher auf Verschonung der entomophagen Gegenspieler zurückzuführen.

Das in Tankkulturen von *B. t.* relativ billig gewonnene Rohprodukt wird durch Verdünnen und Strecken auf eine bestimmte Aktivität gebracht, oder anders gesagt, zwecks praktikabler, gleichmäßiger Applikation voluminöser gemacht. Als fertige Präparate werden meist Spritzpulver oder stabilisierte Öl-Wasser-Emulsionen angeboten. In Pulverform sind die Präparate jahrelang haltbar, wenn sie bei niedriger Luftfeuchte gelagert werden; die Temperatur scheint — von Extremen abgesehen — von sekundärer Bedeutung zu sein. Die Anwendung erfolgt fast immer durch Spritzen oder Sprühen der unter Wasserzugabe hergestellten Suspensionen. Versuchsweise wurde *B. t.* auch zu Ölsprühmitteln verarbeitet, ohne daß die Wirksamkeit beeinträchtigt wurde. Granulate bewährten sich z. B. zur Bekämpfung des Maiszünslers (*Ostrinia nubilalis*), und gegen sonst kaum mit *B. t.* bekämpfbare Eulenraupen wurde *B. t.* mit gutem Ergebnis in Fraßköder eingearbeitet.

Die Aufwandmenge liegt meist in der Größenordnung von 10^{13} bis 10^{14} Sporen/ha. Ihre volle Wirksamkeit erreichen *B. t.*-Präparate nur in dem Temperaturbereich von 20 bis 30 °C. Unterhalb von 15 °C ist die Wirkung so stark abgeschwächt, daß keine Anwendung mehr erfolgen sollte. Diese starke Temperaturabhängigkeit gilt jedoch nicht für das Exotoxin, das bereits ab 5 °C letal ist.

Nach dem Antrocknen haften die Präparate hinreichend an den Pflanzenteilen. Sie werden jedoch leicht abgespült, wenn bald auf die Ausbringung Regen folgt, besonders wenn zuvor schon eine hohe Luftfeuchtigkeit herrschte. Bei der Konfektionierung werden den Präparaten sehr verschiedene Hilfsstoffe zugesetzt: Netz- und Haftmittel (z. B. 1% Melasse), UV-Protektoren, Borax, Kupfer, Chitinase usw. Spritzbeläge bleiben unter dem Einfluß der UV-Strahlung nur kurze Zeit insektizid. So sank der Abtötungserfolg gegenüber *Trichoplusia ni* bei einem Handelspräparat schon im Lauf des ersten Tages auf 35%, die Lebensfähigkeit der Sporen sogar auf 10%.

Koniferennadeln besitzen teilweise Inhaltsstoffe, die die Sporen inaktivieren. Auch sonst kann die zu schützende Pflanze die Wirkung von Bakterienpräparaten beeinflussen, mitunter allein dadurch, daß die Blattoberfläche unterschiedlich benetzt wird.

Sehr leicht löslich ist das (den Präparaten meist fehlende) Exotoxin. Das hat dazu beigetragen, daß seine Wirkung auf solche Raupen, die gegenüber dem Sporen-Endotoxin-Komplex unempfindlich sind, sowie die Wirkung auf Insekten anderer Ordnungen bisher kaum ausgenutzt wurde. Vor allem in der UdSSR wird *B. t.* auch in Kombination mit subletalen Insektiziddosen angewendet. Übrigens lassen sich Bakterienpräparate auch zusammen mit manchen Fungiziden und anderen PSM ausbringen.

B. t.-Präparate werden gegenwärtig vor allem in der UdSSR, in den USA und in Frankreich hergestellt und in zahlreichen Ländern gegen eine Vielzahl schädlicher Lepidopteren eingesetzt.

In der UdSSR wird zunächst das bereits in großem Umfang in der Landwirtschaft angewendete und auch exportierte Entobakterin 3 aus *B. t.* var. *galleriae* hergestellt. Das ursprünglich zur Bekämpfung des Sibirischen Arvenspinners (*Dendrolimus sibiricus*) auf der Grundlage von *B. t.* var. *dendrolimus* produzierte Dendrobazillin bewährte sich auch in der Landwirtschaft beim Kampf gegen verschiedene Eulenarten. 1976 wurden beide Präparate auf je etwa 600000 ha angewendet. Einem dritten Präparat, dem Toxobakterin, liegt die var. *insectus* zugrunde. Es enthält auch Exotoxin und ist z. B. für Kohlschädlinge (*Plutella maculipennis*, *Pieris rapae* und *P. brassicae*, weniger für *Mamestra brassicae*) geeignet. Weitere *B. t.*-Präparate befinden sich in der Entwicklung.

In den USA werden Bakterienpräparate vor allem im Kohl- und Tabakanbau benutzt. 1975 wurden hier etwas über 1 Mio ha durch *B. t.* geschützt. Bei einem Kostenvergleich, in den vier Schädlingsarten einbezogen wurden, entsprach der Aufwand für die bakterielle Bekämpfung etwa dem für herkömmliche Begiftungen. Die Jahresproduktion von *B. t.*-Präparaten beträgt mehrere hundert t. Auf der Grundlage von *B. t.* var. *kurstaki* wird unter dem Namen Dipel ein besonders gut wirkendes Präparat hergestellt, dem z. B. auch die im allgemeinen gegenüber *B. t.* sehr widerstandsfähge Kohleule (*M. brassicae*) erliegt. Dazu, daß es anderen Bakterienmitteln oft überlegen ist, trägt wohl nicht nur die hohe Pathogenität dieser Varietät bei, sondern auch eine sehr exakte Einhaltung optimaler Produktionsbedingungen.

Im Forst wurden riesige Flächen vor allem gegen den erwähnten Sibirischen Arvenspinner und den amerikanischen Tannentriebwickler (*Choristoneura fumiferana*) behandelt. In der DDR fand *B. t.* (Entobakterin 3) erstmals in den Jahren 1971/72 in größerem Umfang zur Bekämpfung des Goldafters (*Euproctis chrysorrhoea*) Anwendung. Das Bakterienpräparat bot die Möglichkeit, Straßenobstbäume und Feldgehölze zu behandeln, bei denen der Einsatz von Insektiziden wegen angrenzender Acker- und Grünlandflächen oder auch wegen naher Gewässer und Ortschaften nicht zu verantworten gewesen wäre.

Die gelegentliche Entwicklung neuer Varietäten und Stämme von *B. t.* mit vorteilhafteren Eigenschaften läßt die Hoffnung berechtigt erscheinen, daß in Zukunft noch wirksamere Bekämpfungsmittel auf seiner Grundlage zur Verfügung stehen werden. Die Anwendung würde aber zweifellos auch schon beim gegenwärtigen Entwicklungsstand stark ansteigen, wenn man in allen Ländern ebenso einfach Bakterienpräparate wie Insektizide kaufen könnte.

Bisher auf Japan beschränkt geblieben ist die Anwendung von *Bacillus moritai*, einem in einer chemischen Fabrik entdeckten Bakterium, das nur für Fliegen pathogen ist. Das auf seiner Grundlage hergestellte Präparat wird zur Bekämpfung der im Dung zur Entwicklung kommenden Maden dem Futter von Haustieren zugesetzt.

4.4.5. *Einsatz von Pilzen*

Auch der auf dem Gebiet der Pathologie nicht geschulte Entomologe wird bei Insekten häufig pilzliche Krankheiten (Mykosen) erkennen, da nicht wenige insektenpathogene Pilze ansehnliche Fruchtkörper bilden oder das Insekt — meist erst nach dem Tode — mit einem dichten Bewuchs von Sporenträgern überziehen. Allgemein bekannt ist wohl das Symptombild der an *Entomophthora* (*Empusa*) *muscae* verendeten Stubenfliegen, die im Herbst, von ausgeschleuderten Sporen umgeben, vor allem an Fensterscheiben hängen. Die Verpilzung eines toten Insektes besagt allerdings nicht unbedingt, daß eine Mykose die Todesursache war, da es sich auch um saprophage Pilze handeln kann, die sich erst nach dem Tode des Insektes entwickelten.

Pilze sind nicht unwesentliche Glieder des für die Niederhaltung von Insekten maßgeblichen Umweltwiderstandes (Tab. 4). Heute sind sie durch die Anwendung von Fungiziden (in geringerem Maße auch durch Insektizide) gefährdet. Fungizidspritzungen können daher für das Schadauftreten von Insekten mitverantwortlich sein. Die Zahl insektenpathogener Pilze, die verschiedenen Ordnungen angehören, beträgt etwa 500; sie sind damit artenreicher als insektenpathogene Viren und Protozoen und insbesondere als die krankheitserregenden Bakterien. Trotzdem haben sie für die biologische Bekämpfung nicht die gleiche Bedeutung erlangt wie Viren und Bakterien.

Hinsichtlich der Spezifität gibt es sehr große Unterschiede, denn einerseits kommt Monophagie und dabei sogar die Beschränkung auf ein Geschlecht vor, andererseits kann das Wirtsspektrum nicht nur Insekten verschiedener Ordnungen, sondern sogar Wirbeltiere einschließen. Bei der Anwendung mancher Pilze können also auch andere Insekten, darunter Parasiten und Prädatoren, mitbetroffen werden. Auch die Gefahr von Nebenwirkungen auf Mensch und Haustiere ist nicht völlig von der Hand zu weisen. Das gilt insbesondere für *Aspergillus*-Arten. Bei

Tabelle 4
Kurze Übersicht über die insektenpathogenen Pilze

Chytridiomycetes Flagellatenpilze	mikroskopisch kleine Pilze, nur gelegentlich mit myzelartigem Thallus, stets Schwärmsporen bildend und damit in der Lebensweise an Wasser gebunden	insektenpathologisch bedeutsam die – besonders in den Tropen – in Steckmückenlarven lebenden *Coelomomyces*-Arten
Zygomycetes (Verschmelzungssporen als Hauptfruchtform)	meist querwandlose, vielkernige, Myzelbildende Pilze, überwiegend auf dem Land lebend, Ausbreitung durch Sporen. In dieser Gruppe auch bekannte Saprophyten wie der Köpfchenschimmel	wichtig die ***Entomophthorales*** mit mehreren insektenpathogenen Vertretern (*Orthoptera*, *Hemiptera*, *Coleoptera*, *Diptera* u. a. parasitierend, meist Imagines)
Ascomycetes Schlauchpilze	Pilze mit septierten Hyphen und Myzelbildung, Ascosporen (Schlauchsporen) als Hauptfruchtform, z. T. hoch differenzierte Fruchtkörper. Z. B. Morchel, Trüffel, echte Mehltaupilze als Pflanzenparasiten, saprophytische Schimmelpilze (*Penicillium*, *Aspergillus*)	***Aspergillus flavus***, Erreger d. Steinbrut d. Honigbiene. *Cordyceps*-Arten fallen oft durch ansehnliche Fruchtkörper auf, die aus toten Insekten herauswachsen
Deuteromycetes (*Fungi imperfecti*) Unvollständige Pilze	verwandtschaftlich uneinheitliche Pilzgruppe mit dem verbindenden Merkmal: Fehlen der Hauptfruchtform. Vermehrung durch ungeschlechtlich entstehende Sporen. Viele Erreger von Pflanzenkrankheiten (z. B. *Verticillium*, *Fusarium*) aber auch von Haut- und Haarkrankheiten	bedeutungsvollste insektenpathogene Pilze. ***Aschersonia spp.***, ***Beauveria bassiana*** (Kalksucht d. Seidenraupe) und *Metarrhizium anisopliae* – wichtige Objekte zur Nutzbarmachung für die biol. Bekämpfung. *Paecilomyces* (= *Spicaria*), *Hirsutella*, *Verticillium*

einer Reihe weiterer Pilze, zu denen die wichtigsten Kandidaten der biologischen Bekämpfung gehören, verhindert wohl nur die Empfindlichkeit gegenüber hohen Temperaturen eine Infektion von Warmblütern. Mit der Möglichkeit unerwünschter Nebenwirkungen auf wechselwarme Wirbeltiere ist daher zu rechnen. Ausnahmsweise sind auch (z. B. bei *Metarrhizium anisopliae*) einzelne Stämme bekannt, die höhere Temperaturen vertragen. Schließlich gibt es bei entsprechend disponierten Personen Allergien gegen Pilzsporen, die aber nur vorübergehende und nicht allzu schwerwiegende Beeinträchtigungen der Gesundheit (Kopf- und Gliederschmerzen, Schweißausbruch, Fieber) hervorrufen. Für die praktische Anwendung von Pilzen ist zu beachten, daß die Pathogenität eines bestimmten Stammes nicht den von der betreffenden Art bekannten Gesamtumfang zu haben pflegt. Daraus erklären sich zweifellos manche Mißerfolge bei Bekämpfungsversuchen mit Pilzen, die sich zuvor bewährt hatten.

Die Infektion erfolgt bei Pilzen meist durch die Körperdecke (perkutan), wobei schwach sklerotisierte Stellen, wie Intersegmentalhäute und Gelenke, bevorzugt als Eingangspforten benutzt werden. Das ist für ihre Verwendung in der biologischen Bekämpfung einerseits nachteilig, denn es hat sich immer wieder gezeigt, daß Masseninfektionen leichter mit solchen Pathogenen gelingen, die per os aufgenommen werden. Andererseits haben Pilzpräparate (wie Kontaktinsektizide) den Vorteil, daß sie die Bekämpfung von saugenden Insekten und Ruhestadien, namentlich Puppen, ermöglichen. Pilze befallen und zerstören sehr unterschiedliche Gewebe und führen den Tod des Wirtes oft durch Toxine herbei. So ließ sich im Myzel und in daraus hergestellten Extrakten von *Beauveria bassiana* und *Metarrhizium anisopliae* ein stark insektizider Stoff nachweisen. Auch bei den Entomophthorales wurden „Mykotoxine“ nachgewiesen. Einer gelungenen Infektion erliegen die Insekten erst nach Tagen, mitunter auch erst nach Wochen.

Der Ausbruch seuchenhafter Mykosen ist stärker witterungsabhängig als ein epidemisches Auftreten der meisten anderen Insektenkrankheiten. Das hängt teilweise damit zusammen, daß die Sporen mancher Arten nur bei Anwesenheit von Wassertröpfchen keimen. Zum Beispiel werden Blattläuse vor allem in feuchten Witterungsperioden massenweise durch *Entomophthora*-Arten dahingerafft und es wurde schon vorgeschlagen, sie einfach durch Bewässerung zu bekämpfen, da die Pilze ohnehin vorhanden wären. Aber nicht nur Feuchtigkeit, auch Wärme begünstigt die Entwicklung der Pilze. Andererseits kann jedoch kühle Witterung als Stressfaktor wirken, der die in jedem Falle mitentscheidende Disposition des Wirtes negativ beeinflußt und damit den Ausbruch der Mykose ermöglicht.

Pilze lassen sich auf Nährböden oder in Submerskulturen relativ einfach und billig vermehren. In der Sowjetunion gibt es Erwägungen, den Kolchosen die Selbstherstellung von Blastosporenpräparaten von *B. bassiana* zu empfehlen. Als Nährsubstrat werden z. B. Weizenkleie, Mais oder Kartoffeln benutzt. Eine Kultur von *Beauveria tenella* zur Maikäferbekämpfung lieferte je 150 l Nährlösung 14 kg eines Präparates, das 8 bis 13×10^9 Blastosporen/g enthielt. Sproßzellen (bei *B. bassiana*) oder Sporen haben oft eine beträchtliche Lagerfähigkeit.

Die Ausbringung von Pilzen kann ebenso wie die von *Bacillus thuringiensis* durch Stäuben, Spritzen oder Sprühen erfolgen. Gelegentlich wurde beobachtet, daß Milben die Pilzsporen weiterverbreiten. Bei der Bekämpfung der Getreidewanze *Eurygaster integriceps* behandelte man in der UdSSR die Stoppeln unter Getreidelagerplätzen (Garbengruppen), wo sich die Wanzen bei der Ernte konzentrieren. Auf diese Weise gelang es, den Pilz in die in benachbarten Wäldern gelegenen Winterquartiere einzuschleusen. In der Regel handelt es sich beim Einsatz von Pilzen jedoch nicht um die künstliche Ausbreitung eines noch nicht vorhandenen Gegenspielers, sondern um die Überschwemmung mit Infektionsmaterial. Eine Dauerwirkung ist infolgedessen nicht zu erwarten.

Die Zahl der Bekämpfungsversuche mit Pilzen ist groß, dagegen hat die Anwendung in der Praxis noch einen verhältnismäßig geringen Umfang. Insbesondere haben die Versuche mit den relativ spezifischen Entomophthorales nicht zu entsprechenden Verfahren oder Handelspräparaten geführt.

In der UdSSR verliefen jedoch Bekämpfungsversuche mit *Entomophthora thaxteriana* und *E. sphaerosperma* gegen Spinnmilben und Blattläuse im Gewächshaus erfolgreich, und in der Schweiz durchgeführte Untersuchungen lassen den Einsatz einer anderen Art der gleichen Gattung gegen Thripse (Thysanoptera) im Gewächshaus aussichtsreich erscheinen.

Die Konidien der Entomophthorales haben allerdings nur eine geringe Lebensdauer und Dauersporen, deren Keimungsansprüche zudem unzureichend bekannt sind, werden bei den üblichen Kulturverfahren nur in geringer Zahl gebildet (ein in Erprobung befindliches *E. thaxteriana*-Präparat soll allerdings über ein Jahr haltbar sein). Es ist daher kein Wunder, daß die im Herstellungsprozeß einfacheren, bei Lagerung und Anwendung widerstandsfähigeren Fungi imperfecti in weitaus stärkerem Maße auf ihre Verwendbarkeit geprüft wurden, zumal sie meist ein weiteres Wirkungsspektrum haben.

Aber auch bei den am besten bewährten und schon lange benutzten Arten wechselten oft hoffnungsvolle Ergebnisse mit Mißerfolgen ab. Am umfangreichsten waren und sind die Bemühungen, Insekten mit Hilfe von Pilzen zu bekämpfen, in der UdSSR. Neben *M. anisopliae* („grüne Muscardine“) (vgl. S. 14 hat man vor allem *B. tenella* (gegen Maikäfer, besonders in Frankreich) und *B. bassiana* („weiße Muscardine“) benutzt. Aus *B. bassiana* wird in der UdSSR das Präparat Beauverin bzw. Bowerin hergestellt. Zwei Handelspräparate auf der Grundlage dieses Pilzes wurden auch in den USA anerkannt.

B. bassiana ist z. B. gegen den Kartoffelkäfer, den Apfelwickler (*Laspeyresia pomonella*), die Apfelsägewespe

(*Hoplocampa testudinea*) und den Maiszünsler wirksam. Beim Apfelwickler ist wegen der im Obstbau üblichen Fungizidspritzungen nur eine Bekämpfung der 2. Generation aussichtsreich. Im Gegensatz dazu steht eine Meldung aus der Lettischen SSR, die belegt, daß insektenpathogene Pilze nicht von allen Fungiziden geschädigt werden, denn man brachte mit sehr gutem Erfolg *B. bassiana* gleichzeitig mit einem Fungizid gegen den Kartoffelkäfer aus.

Im allgemeinen ist *B. bassiana* nur für physiologisch geschwächte Individuen und vielleicht noch für die jüngsten Larvenstadien letal. Daher wird seine Anwendung vor allem in Kombination mit subletalen Insektiziddosen (etwa Lindan oder Trichlorfon) empfohlen. Die Wirksamkeit eines Kombinationspräparates mit $\leqq 25\%$ der normalen Insektizidmenge kann der einer üblichen Bekämpfung entsprechen oder diese noch übertreffen. Oft stirbt ein Teil der Schädlinge allerdings erst im Winterlager, so daß der aktuelle Erfolg geringer ist. Von der Kombination verspricht man sich speziell beim Kartoffelkäfer eine erhebliche Verlangsamung der Resistenzentwicklung, da die Resistenzmechanismen für Insektizid und Pathogen ganz verschieden sein müßten.

Eine eingehende Analyse ergab für die Sterblichkeit bei der Kombination Pilz/Insektizid drei verschiedene Ursachen:

Trotz der geringen Aufwandmenge erlag ein Teil der Insekten dem Insektizid. Eine zweite Gruppe starb an einer Septikämie infolge Eindringens pathogener Darmbakterien in die Leibeshöhle, während bei den restlichen Insekten die Pilzkrankheit zum Ausbruch kam. Die Überlebenden zeigten beim Kartoffelkäfer eine erhöhte Sterblichkeit im Winterlager, und schließlich war die Fruchtbarkeit der wenigen im nächsten Jahr noch lebenden Käfer vermindert. In Versuchen zur Maikäferbekämpfung erwiesen sich auch Kombinationen von *Bacillus popilliae* und *Beauveria tenella* als erfolgreich (s. auch Abb. 13).

In Nordamerika bekämpft man mit einem Gemisch

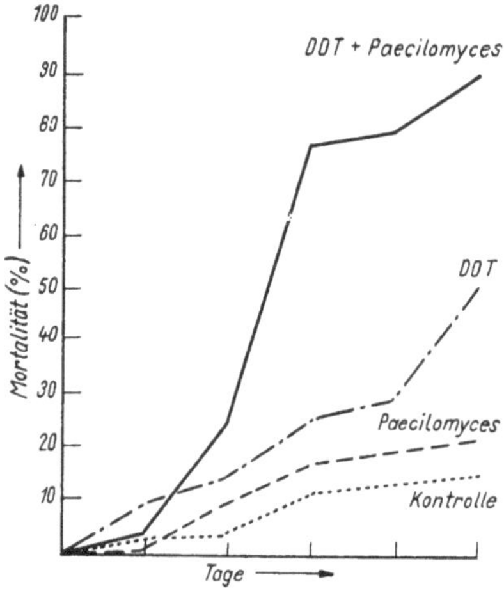

Abb. 13. Kombinierte Wirkung eines Pilzes und eines Insektizides auf die Larven (L_4) des Kartoffelkäfers (*Leptinotarsa decemlineata*). DDT wurde 0,05%ig angewandt, die Sporen des Pilzes *Paecilomyces farinosus* in einer Konzentration von $5 \cdot 10^6$/ml (nach SANDNER 1970)

von Sporen und Myzelbruchstücken von *Hirsutella thompsonii* die Rostrote Zitrusmilbe (*Phyllocoptruta oleivora*). Die Wirkung ist ebenso gut wie die eines geeigneten Akarizids und hält erstaunlich lange (10 bis 14 Wochen) an.

Aus der Sowjetunion sind auch Beispiele für die Einführung im Gebiet nicht vorkommender Pilzarten bekannt. Namentlich brachte man in Adsharien (Georgien), wo eine an Zitrusbäumen lebende Mottenschildlaus (*Dialeurodes citri*) erstmals 1957 im Raum von Batumi beobachtet worden war, Pilze der Gattung *Aschersonia* (Fungi imperfecti) aus, wobei man unter asiatischen und amerikanischen Arten bzw. Herkünften die für das Gebiet geeignetsten auswählte. Insgesamt wurden im Befallsgebiet auf Tausenden von Hektar alle von der Mottenschildlaus erreichten Bestände mit Sporensuspensionen von *Aschersonia* behandelt. Eine Ausbreitung von Baum zu Baum erfolgte kaum, so daß jeder Baum einzeln behandelt werden mußte. Das Ausmaß der Aktion läßt erkennen, daß die Ergebnisse günstig genug waren, um den hohen Aufwand zu rechtfertigen. In georgischen Gewächshäusern wurden zwei *Aschersonia*-Formen aus Vietnam mit gutem Erfolg gegen *Trialeurodes vaporariorum* ausgebracht. Gegen die San-José-Schildlaus (*Quadraspidiotus perniciosus*) wurde versuchsweise der Pilz *Coniothyrium piricolum* aus Korea importiert. In mehreren Obstanlagen des Kaukasus konnte die Schildlaus mit Hilfe dieses Pilzes hundertprozentig vernichtet werden. Schließlich sei erwähnt, daß man auf einem der Tokelau-Atolle (nördlich der Samoa-Inseln) eine fühlbare Dezimierung der Stechmücken durch eine aus Malaya ins Land geholte *Coelomomyces*-Art erreichte. Die *Coelomomyces*-Arten, haben auch schon früher Interesse gefunden, da es sich um fast ausschließlich an Stechmückenlarven lebende (also aquatile) Pilze handelt.

4.4.6. Bekämpfung mit Hilfe von Mikrosporidien

Protozoen aller Stämme sind als Parasiten oder harmlose Bewohner von Insekten weit verbreitet. Gewisse Hoffnungen sind vor allem in die zu den Cnidosporidia gehörenden zellparasitischen Microsporidia zu setzen.
Ihre Entwicklung schließt mit der Bildung zahlreicher, für eine künstliche Ausbreitung und den Aufenthalt im Freien hinreichend widerstandsfähiger Sporen ab. Mikrosporidien sind auch seit langem als Erreger von unter Umständen verheerend wirkenden Seuchen bekannt. So rufen sie oft die verlustreiche Nosema-Seuche der Honigbiene und die berüchtigte Pebrine oder Fleckenkrankheit der Seidenraupe hervor. Allerdings pflegen auch die Mikrosporidiosen (wie andere Protozoenkrankheiten der Insekten) eher chronisch als stürmisch zu verlaufen und

ausbrechende Epidemien bleiben räumlich meist eng begrenzt.

Die Spezifität der Mikrosporidien ist nicht sehr streng. So wurden für eine neu entdeckte Krankheit des Getreideplattkäfers (*Oryzaephilus surinamensis*) unter anderen Vorratsschädlingen 7 weitere Wirte gefunden, davon 4 Käfer und 3 Schmetterlinge. *Nosema mesnili* aus dem großen Kohlweißling (*Pieris brassicae*) infiziert und tötet auch eine Reihe parasitischer Hymenopteren, die sich in Raupen oder Puppen entwickeln. Im Vergleich zu breitenwirksamen Insektiziden sind jedoch nur geringe nachteilige Nebenwirkungen zu erwarten und in der Regel wird der oft erstaunlich lange Polfaden der Sporen nur unter dem Einfluß des Darmsaftes einer beschränkten Zahl von Wirten ausgeschleudert, während Raubinsekten und Parasiten die Sporen unbeschädigt transportieren können. Der Polfaden injiziert das Sporoplasma zunächst in eine Darmzelle, von der aus es dann ins Hämozöl gelangt. In Kadavern bleiben die Sporen monatelang infektionsfähig. Schon in den Ovarien oder bei der Ablage äußerlich beschmierte Eier übertragen die Krankheit auf die Nachkommenschaft. Mikrosporidiensporen können ihren Wirten auch durch Schlupfwespen injiziert werden. Normalerweise erfolgen die Infektionen jedoch mit der aufgenommenen Nahrung (oral).

Wirte von Mikrosporidien gibt es in den meisten Insektenordnungen. Besonders gut bekannt sind sie — sicher nicht zuletzt wegen der wirtschaftlichen Bedeutung zahlreicher Arten — aus Raupen und Dipteren (namentlich Stech-, Zuck- und Kriebelmücken), doch erkranken auch Vertreter anderer Ordnungen und auch Imagines (z. B. Kartoffelkäfer) an Mikrosporidien.

Trotz ihrer erheblichen Bedeutung — es sind einige hundert Krankheitserreger aus dieser Ordnung bekannt — lassen sich Mikrosporidien nicht leicht oder nur mit ungenügendem Erfolg zur biologischen Bekämpfung einsetzen. Eine unbefriedigende Sofortwirkung (Raupen überleben noch bis zu 4 Wochen) wird nur bedingt durch eine Dauerwirkung kompensiert. Die Gewinnung des Ausgangsmaterials ist an die gleichen Voraussetzungen geknüpft wie bei den Insektenviren, d. h., die Erreger müssen sich in lebenden Zellen entwickeln, so daß nur Kadaver, Insektenzuchten und vielleicht Gewebekulturen Ausgangspunkt sein können. Die Gewinnung aus toten Insekten erfolgt ähnlich wie bei den Polyederviren. Erschwerend kommt hinzu, daß die Haltbarkeit des infektiösen Materials geringer als bei Viren und Bakterien und generell wohl nur nach Monaten zu zählen ist, wenngleich auch Angaben über eine wesentlich längere Lebensfähigkeit (z. B. in getrockneten Kadavern) zu finden sind. Mit Bakteriensporen und Viren haben die Mikrosporidiensporen eine bei der Anwendung zu berücksichtigende hohe UV-Empfindlichkeit gemeinsam, die jedoch hier wie dort durch die Beigabe von Protektoren gemindert werden kann.

Versuche zur Nutzbarmachung von Mikrosporidien sind in erster Linie an Raupen unternommen worden. Zum Beispiel prüfte man schon vor Jahren in der ČSSR die Möglichkeit, den aus Nordamerika eingeschleppten Weißen Bärenspinner (*Hyphantria cunea*) mit Mikrosporidien zu bekämpfen, nachdem festgestellt worden war, daß er in der neuen Heimat von nicht weniger als 5 Arten dieser Gruppe befallen wird. Auch Goldafter (*Euproctis chrysorrhoea*) und Schwammspinner (*Lymantria dispar*) wurden in Freilandversuchen fast vollständig mit Hilfe von Sporensuspensionen (verschiedener Erreger) vernichtet.

Auf der Südseeinsel Nauru wurde die Stechmücke *Culex fatigans* mit *Plistiphora culicis* erfolgreich bekämpft. In 2 von 4 Bruttümpeln konnte sogar die ganze Population ausgerottet werden. In den USA wurden gute Ergebnisse in der Bekämpfung des Baumwollkapselkäfers (*Anthonomus grandis*) mit den beiden Arten *Mattesia grandis* und *Glugea gasti* erzielt. Bei der Erfolgskontrolle waren bis zu 80% der Käfer erkrankt, und die Wintersterblichkeit lag bei 96%, während sie in benachbarten unbehandelten Gebieten 84% betrug. Für den Erfolg der Ausbringung war die durch Fraßköder erreichte erhöhte Sporenaufnahme von erheblicher Bedeutung. Eine in Kleieköder eingearbeitete *Nosema* sp. bewährte sich in den USA auf einigen tausend ha auch gegen Heuschrecken.

Auch wenn der Einsatz der meisten näher untersuchten Mikrosporidiosen als isolierte Bekämpfungsmaßnahme nicht ausreicht, könnte ihre Anwendung in Verbindung mit Bakteriosen und Virosen Bedeutung erlangen, da eine Mikrosporidieninfektion den Ausbruch von Bakteriosen oder latent vorhandenen Virosen provozieren kann.

5. Biogene Schädlingsbekämpfungsmittel

Ebenso wie Bakterien und Pilze, die hier (abgesehen von der Antibiotikaproduktion) nicht berücksichtigt werden, enthalten zahlreiche höhere Pflanzen insektizide Verbindungen, von denen einige seit altersher zur Bekämpfung nutzbar gemacht wurden. Zu den pflanzlichen Insektiziden gehörte z. B. das Insekten- oder Flohpulver, das schon Anfang des 19. Jh. und noch in den ersten Jahrzehnten unseres Jahrhunderts nicht nur zur Ungezieferbekämpfung, sondern auch zur Behandlung landwirtschaftlicher Kulturen angewendet wurde. Heute ist der Einsatz natürlicher Insektizide stark zurückgegangen, da die Produktion teurer als die synthetischer Präparate ist, und die Wirksamkeit großenteils hinter diesen zurückbleibt. Im Falle des Pyrethrums ist jedoch die Gewinnung gegenüber der ersten Periode der organisch-synthetischen Insektizide wieder angestiegen. So hat die Menge des afrikanischen Pyrethrums (getrocknete Blüten) sich in der Zeit von 1958 bis 1962 von 4500 auf 12000 t erhöht.

Maßgeblich für die Weiterverwendung pflanzlicher Insektizide ist vor allem die Harmlosigkeit für Warmblüter, die sich entweder aus dem Fehlen jeglicher toxischer Wirkung oder aus dem schnellen Zerfall der giftigen Verbindungen erklärt und für neue Einsatzgebiete des Pyrethrums auf dem Hygienesektor maßgeblich war. Das gilt aber nicht für alle hierher gehörenden Mittel, denn Nikotin ist bekanntlich für den Menschen äußerst giftig. Aber auch bei diesem Mittel kommt es nicht zu einer Speicherung im Körper.

Biogene Insektizide sind ferner weitgehend biozönoseschonend. Ryania wird z. B. in einigen Ländern im Obstbau eingesetzt, weil es Bienen, parasitische Hymenopteren, Raubmilben und -wanzen verschont. Nikotin, Quassiabrühe, Pyrethrum und Derrispräparate gelten als „bedingt bienengefährlich". Das bedeutet, daß bei der normalen Anwendung mit Bienenverlusten nicht zu rechnen ist.

Die Insektizide liefernden Pflanzen sind keineswegs selbst vor allen Insektenschäden geschützt. Am Tabak fressen in Mitteleuropa z. B. mehrere Drahtwürmer (Tenebrionidae), Engerlinge (*Melolontha* spp.), Rübenderbrüßler (*Bothynoderes punctiventris*), Ypsiloneule (*Agrotis ypsilon*), während unter den saugenden Insekten der Zwiebelblasenfuß (*Thrips tabaci*) und die Pfirsichblattlaus (*Myzus persicae*) zu nennen sind. Bei der Lagerung entstehen häufig erhebliche Verluste durch die Tabakkäfer (*Lasioderma* spp.). Auch Derriswurzeln werden von Vorratsschädlingen, vor allem Käfern, zerfressen, und in Kenia muß die Pyrethrumernte oft mit synthetischen Insektiziden vor Thripsen (Thysanoptera) oder Blattläusen geschützt werden. Nachfolgend werden nur die wichtigsten phytogenen Insektizide genannt:

Pyrethrum wird aus verschiedenen Korbblütlern der Gattung *Chrysanthemum*, vor allem aus *Ch. cinerariaefolium*, gewonnen. Hauptanbaugebiete sind Japan, Ostafrika (Kenia, Tansania) und Ecuador; daneben werden Pyrethrum-Pflanzen auch in Jugoslawien, Italien, in der UdSSR und in anderen Ländern angebaut. Während die Blütenköpfe früher zu dem bereits erwähnten Insektenpulver fein vermahlen wurden, extrahiert man heute die Blüteninhaltsstoffe.

Pyrethrum wirkt ausschließlich als Kontaktgift. Besonders hervorzuheben ist der „knock-down-Effekt", d. h. die Sofortwirkung, in der es bisher wohl von keinem anderen Insektizid übertroffen wird. Dagegen ist die Wirkungsdauer gering, und die betäubten oder gelähmten Insekten erholen sich nicht selten wieder. Deswegen wird Pyrethrum mitunter mit Insektiziden (Lindan, Phosphororganika u. a.) kombiniert, wodurch aber der Vorteil der Ungiftigkeit verloren geht, sofern man nicht Rotenon dazu benutzt. Die jetzt übliche Beigabe eines Synergisten — meist wird Piperonylbutoxid verwendet — erhöht dagegen die Wirksamkeit, ohne die toxikologisch günstigen Eigenschaften aufzuheben. Pyrethrin-Staub blieb in Kombination mit Piperonylbutoxid bis zu 3 Monate gegen *Rhizopertha dominica* wirksam. Nach Aufklärung der Struktur der Pyrethrine werden als Allethrine und Pyrethroide bezeichnete Analoga und Derivate mit teilweise wesentlich größerer Dauerwirkung synthetisch hergestellt. Im Magen-Darm-Kanal von Warmblütern wird Pyrethrum schnell hydrolisiert, so daß es bei oraler Aufnahme so ungefährlich ist, daß man es früher als Wurmmittel benutzte. Deswegen kann es auch ohne Bedenken als Einstreumittel für Getreide angewendet werden. Es eignet sich z. B. zur Bekämpfung von Fliegen und anderen Hausinsekten sowie zur Entwesung von Lager- und Schiffsräumen. Für diese Zwecke hat es die neueren Insektizide teilweise wieder verdrängt. In Bäckereien gestattet Pyrethrum die Bekämpfung von Wespen, ohne daß die Ware zuvor ausgeräumt wird.

Rotenon: Die Wurzeln der strauchartigen Leguminose *Derris elliptica* und verwandter südostasiatischer Arten, ferner die süd- und mittelamerikanischer *Lonchocarpus*-Arten und weiterer Leguminosen der in den Tropen weit verbreiteten Gattung *Theophrasia* (*Cracca*) werden heute meist zur Herstellung von Extrakten benutzt, während man sie früher — wie die Pyrethrum-Blüten — zu Insektenpulver verarbeitete. Wirksamster Bestandteil ist das Rotenon, daneben kommen weitere, als Rotenoide bezeichnete, insektizid wirkende Verbindungen vor.

Rotenon ist sowohl Fraß- wie Kontaktgift. Gegenüber Pyrethrum hat es den Vorteil der größeren Dauerwirkung, jedoch wird es vor allem unter dem Einfluß von Sonnenlicht relativ schnell oxydiert und ist daher weniger beständig als die meisten synthetischen Insektizide. Mit Pyrethrum teilt Rotenon bei oraler Aufnahme den Vorteil der Ungefährlichkeit für Warmblüter, die jedoch durch die Lösungsmittel stark eingeschränkt werden kann. Dagegen ist es ein gefährliches Gift, sofern es ins Blut gelangt, weswegen es in den Ursprungsländern als Pfeilgift benutzt wird. Der Gebrauch der Derriswurzel als Fischgift ist ein Zeichen dafür, daß Fische auf Rotenon (wie auch auf Pyrethrum) wesentlich empfindlicher reagieren als Säugetiere.

Früher wurde Rotenon auch gegen Pflanzenschädlinge im Freiland angewendet. Heute sind als Einsatzmöglichkeit vor allem die Verwendung in Kombination mit Pyrethrum in Sprühdosen für den Hausgebrauch und als wirksamer Bestandteil von Waschmitteln zur Bekämpfung der Dasselfliegen geblieben.

Nikotin wird schon seit etwa 300 Jahren in Form von Brühen und Staub angewendet und hat sich gegen viele Insekten, vor allem aber gegen Blattläuse, bewährt. Vor dem 2. Weltkrieg spielte es z. B. im Weinbau eine erhebliche Rolle. Heute sind ihm nur noch einige spezielle Anwendungsgebiete geblieben, da ihm der Vorzug der vorgenannten Mittel, die geringe Warmblütertoxizität, fehlt. Es ist bei oraler Aufnahme sogar giftiger als die meisten modernen Insektizide, zudem wird es sowohl auf dem Atemwege als auch durch die Haut leicht aufgenommen. Nikotin ist hauptsächlich Atemgift, daneben Fraß- und Kontaktgift. Zur Herstellung können Abfälle der Tabakindustrie benutzt werden. In größerem Umfang wird Nikotin wohl nur noch in Japan angewendet.

Von den weiteren pflanzlichen Insektiziden seien noch die folgenden beiden erwähnt: Quassia ist ein wäßriger Auszug aus dem Holz des Bitterholzbaumes (*Quassia amara* und *Picrasma excelsa*: Simarubaceae), der in Westindien wächst. Früher wurde Quassia z. B. zur Fliegen- und Blattlausbekämpfung eingesetzt. Von besonderer Bedeutung war es jedoch zur Bekämpfung der Pflaumensägewespen (*Hoplocampa* spp.). Durch die starke Wirkung auf diese Tiere entspricht Quassiabrühe weitgehend den an spezifische Insektizide zu stellenden Anforderungen. Die Warmblütertoxizität ist gering.

Aus Stengeln und Wurzeln von *Ryania speciosa* (Flacourtiaceae) wird Ryania gewonnen, das als Kontakt- und Atemgift wirkt und in den USA im Feld- und Obstbau z. B. zur Bekämpfung so bedeutender Schädlinge wie des Maiszünslers und des Apfelwicklers benutzt wird. Ryania wirkt auf Wickler und andere Kleinschmetterlinge und ist für Warmblüter ungefährlich. Gegenüber Pyrethrum hat es den Vorteil größerer Beständigkeit unter Freilandbedingungen.

In den letzten Jahren wurden insektizide Eigenschaften von Extrakten aus einer Reihe weiterer Pflanzen bekannt. Der in Asien und Afrika verbreitete Nim- oder Zedrachbaum (*Azadirachta indica*) und *Melia azederach* (Meliaceae) enthalten Substanzen, die bei einer Reihe von Insekten fraßabschreckend wirken, Entwicklung und Metamorphose beeinträchtigen, die Sterblichkeit erhöhen und die Eizahl vermindern. Auch eine systemische Wirkung wurde festgestellt. Wurzelauszüge aus Sämlingen des Nimbaumes sind für verschiedene Nematodenarten toxisch. Möglicherweise könnten derartige Extrakte vor allem in den wenig industrialisierten Heimatländern der beiden Pflanzen Bedeutung erlangen.

Aus Kalmus (*Calamus acorus*) gepreßtes Öl ist ein vielleicht nutzbares Sterilans. Auf manche Insekten wirken auch zwei relativ einfach aus der Zierpflanze *Ageratum houstonianum* (Asteraceae) gewonnene Verbindungen, die bei jungen Wanzenlarven eine dem Juvenilhormon entgegengesetzte Verbindung haben, und bei vorzeitiger Imaginalhäutung zu sterilen Zwergwanzen führen. Das Vorkommen von Insektenhormonen bzw. von Hormonanaloga wird im übrigen in Kapitel 6.2. behandelt.

In Äthiopien wurde durch Zufall entdeckt, daß die Früchte des Endodstrauches (*Physokermes lacca*) zur Bekämpfung von Wasserschnecken geeignet sind, die eine große Bedeutung als Zwischenwirte der Bilharziose-Erreger (*Schistosomum* spp.) haben. Nach Trocknen und Mahlen ist eine einfache Anwendung durch die betroffene Bevölkerung möglich.

Da viele Insekten nicht nur eine durch Antibiotika zu beeinflussende Darmflora, sondern darüber hinaus in Anhängen des Darmes oder in besonderen Myzetomen lebenswichtige Symbionten (Pilze und Bakterien) besitzen, wäre die Anwendung von Antibiotika zur Insektenbekämpfung naheliegend. Mit Terramyzin und anderen Antibiotika durchgeführte Versuche an Blattläusen ergaben bei Kontaktwirkung und bei systemischer Applikation über die Pflanze zwar keine Abtötung, aber eine sehr deutliche Reduktion der Nachkommenzahl (z. B. 66% in 12 Tagen), zudem blieben die Jungen kleiner. In einer anderen Versuchsreihe, in der der synthetischen Nahrung der Pfirsichblattlaus (*Myzus persicae*) eine Anzahl von Antibiotika beigemischt wurden, waren die Ergebnisse weitgehend die gleichen, jedoch kamen daneben auch vorzeitiges Absterben und Unterdrückung der Flügelausbildung vor. Teilweise wirkten die Antibiotika noch in einer Verdünnung von 0,0001%, teilweise blieben sie jedoch, wie z. B. Penicillin, selbst in einer Konzentration von fast 1% nahezu wirkungslos. Durch Flavomyzin konnte die Vermehrungsrate von Spinnmilben vermindert werden.

Auch weitere Antibiotika erwiesen sich als insektizid, akarizid oder entwicklungshemmend. In die Praxis der Insektenbekämpfung haben die einen wie die anderen wohl noch keinen Eingang gefunden. Nebenwirkungen auf den Menschen und seine Nutztiere sind bei ihrer Anwendung nicht von vornherein auszuschließen.

Mit der Nutzung der „klassischen Antibiotika“ sind die Potenzen der Mikroorganismen nicht erschöpft und unter der Vielzahl der von ihnen erzeugten Stoffe gibt es Enzymhemmer, die ganz spezifische biochemische Prozesse im Insektenkörper beeinflussen. Isolierung, Testung, Identifikation und Produktion solcher Stoffe sind jedoch sehr aufwendig, so daß die Entwicklung von Präparaten auf dieser Basis nur langsam Fortschritte macht.

6. Neue partiell biologische und biotechnische Verfahren

6.1. Genetische Bekämpfungsverfahren

6.1.1. Chemo- und Radiosterilisation

Nachdem man sich schon früher mit diesem Gedanken beschäftigt hatte, wurden konkrete Vorschläge für den Einsatz sterilisierter Insekten zur Lösung von Schädlingsproblemen 1937 und 1938 von KNIPLING gemacht, also noch vor der Ära der modernen Insektizide. Es sollte aber noch Jahrzehnte dauern, ehe die oft zitierte Bekämpfung der amerikanischen Schraubenwurmfliege (*Cochliomyia hominivorax*) die Richtigkeit seiner Konzeption in überzeugender Weise bestätigte.

Das Prinzip der Bekämpfung besteht darin, daß die ♂♂ durch Strahlen oder chemisch sterilisiert und ausgesetzt werden, oder aber es werden durch Kontakt oder mit der Nahrung aufzunehmende Chemosterilantien so im Freiland ausgebracht, daß die Tiere damit in Berührung kommen und sich selbst sterilisieren (Autosterilisation). Im Versuch erwies sich bei Eulen (Noctuidae) auch eine Sterilisation durch Erhitzen der Puppen auf 35 °C als möglich, in anderen Fällen hatten Kältebehandlung oder Lichtblitze (Elektronenblitz) den gleichen Effekt. Weitere Möglichkeiten der Sterilisierung werden in den folgenden beiden Kapiteln behandelt. Voraussetzung für den Erfolg der „sterile-Männchen-Methode“ ist, daß die sterilen ♂♂ in der Population wesentlich zahlreicher als die unbehandelten sind und daß sie in der Konkurrenz um ♀♀ nicht oder doch nicht wesentlich benachteiligt sind.

In der Regel ist bei Insekten mit eingeschlechtiger Fortpflanzung die Eiablage bis zum Eintritt der Begattung gehemmt. Dort, wo partielle (Arrhenotokie) oder fakultative Parthenogenese vorliegt, ist oft eine teilweise Hemmung feststellbar, d. h., die Eier werden ohne vorausgegangene Paarung langsamer abgelegt, und die volle Eizahl wird nicht erreicht. Diese biologisch sinnvolle Regelung wird von einem unvollkommenen Kontrollsystem gesteuert, da die Rückkoppelung nicht auf der entscheidenden Befruchtung, sondern auf der Begattung beruht. Eine Übertragung abgetöteter oder geschädigter Spermien hebt die Hemmung genau so auf, wie eine Paarung, die zur Befruchtung führt. Die Weibchen warten daher keine weitere Paarung ab und beginnen mit der Ablage ihrer Eier. Möglicherweise werden allerdings von den sterilisierten ♂♂ auch Spermien übertragen, die nicht nur die Besamung der Eier, sondern auch eine normale Befruchtung vollziehen können. In diesem Fall werden dominante Letalfaktoren übertragen, die das Absterben des Embryos bewirken. (Übrigens können sich Trichogrammen in sterilisierten Eiern entwickeln, so daß sich ihr Einsatz sehr vorteilhaft mit Sterilmethoden koppeln läßt.)

Sicher drängt sich die Frage auf, ob das Verfahren, das auch als Autozidverfahren bezeichnet wird, da die Angehörigen der zu bekämpfenden Art selbst für die Bekämpfung ausgenutzt werden, nicht einen viel geringeren Erfolg als eine Insektizidbehandlung erwarten läßt, bei der die abgetöteten ♂♂ und ♀♀ völlig für die Fortpflanzung ausfallen. Diese Frage scheint besonders deswegen berechtigt, weil die Sterilität der ♂♂ unter Umständen nicht vollständig ist oder nicht lebenslänglich anhält, da der Spielraum zwischen wirksamer und ohne Beeinträchtigung der Konkurrenzfähigkeit noch erträglicher Dosis sehr eng sein kann, und auch die ♀♀, die von sterilisierten ♂♂ begattet werden, damit nicht ohne weiteres von der Fortpflanzung ausgeschlossen sind. Bei vielen Insekten paaren sich nämlich auch die ♀♀ mehrfach, und eine vorausgegangene oder nachfolgende Übertragung steriler Spermien beeinträchtigt nicht unbedingt den Befruchtungserfolg normaler Spermien eines anderen ♂.

Der Vorteil der Sterilisationsmethode liegt zunächst darin, daß sie streng spezifisch ist und Nebenwirkungen auf andere Arten allenfalls bei der Ausbringung von Chemosterilantien auftreten können. Obwohl die Anwendung der Sterilisation nicht unbedingt die völlige Tilgung der Insektenpopulation zum Ziel haben muß, ist sie doch dafür geeignet, und letzten Endes ist das ihr Hauptvorteil. Beim Einsatz von Insektiziden würde im allgemeinen die Vernichtung des letzten Prozentes eines Schädlings einen höheren Aufwand erfordern als die unter Praxisbedingungen oft erreichbare 99%ige Abtötung. Mit vertretbarem Aufwand ist daher die Ausrottung eines Schädlings auf diesem Wege nur ausnahmsweise (vgl. z. B. S. 152) möglich. Bei einem hinreichenden Überschuß sterilisierter Männchen kann die Schädlingspopulation dagegen vollständig getilgt werden, da die paarungswilligen ♂♂ auch das letzte ♀ aufsuchen. Voraussetzung ist allerdings, daß keine nennenswerte Zuwanderung aus der Nachbarschaft erfolgt. Wie die Tabellen 5 und 6 zeigen, sind nur wenige Generationen notwendig, um dieses Ziel der Autozidmethode zu erreichen. Der Tabelle 5 liegt die Annahme zugrunde, daß die unbehandelte Population sich auf 500% (oder je) Generation vermehrt und der Abtötungs- bzw. Sterilisationserfolg 90% beträgt, d. h. ein Überschuß sterilisierter Männchen von mindestens 9:1 erreicht wurde. Sehr aufschlußreich ist auch die Abbildung 14, bei der allerdings eine in Anbetracht der begrenzenden Umweltfaktoren nicht zu realisierende Populationszunahme angenommen wurde. Es ist ohne weiteres einleuchtend, daß die Autozidmethode stets prophylaktischen Charakter hat, da sie sich erst in der folgenden Generation auswirkt und in der Regel auf mehrere aufeinanderfolgende Generationen angewandt werden muß.

Tabelle 5

Wirksamkeit der Sterilisationsmethode bei Sterilisierung beider Geschlechter im Vergleich zu einem Insektizideinsatz (nach KNIPLING aus LA BRECQUE und SMITH 1968)

Generation	unbehandelt	90% Abtötung	90% Sterilisation
P	1000000	1000000	1000000
F_1	5000000	500000	50000
F_2	25000000	250000	2500
F_3	125000000	125000	125
F_4	125000000	62500	6
F_5	125000000	31250	0

(Da eine Population sich nicht unbegrenzt vermehren kann, wurde bei den unbehandelten Tieren von der 4. Generation an keine Zunahme mehr angenommen)

Tabelle 6

Populationsmodell für einen Bekämpfungsversuch mit sterilen ♂♂ (nach KNIPLING aus LA BRECQUE und SMITH 1968)

Gen.	Zahl der ♂♂ bzw. der ♀♀	ausgesetzte ♂♂	sterile/normale ♂♂	von sterilen ♂♂ begattete ♀♀, in %	theoretische Nachkommenzahl (♂♂ bzw. ♀♀)
P	1000000	2000000	2:1	66,7	333333
F_1	333333	2000000	6:1	85,7	47619
F_2	47619	2000000	42:1	97,7	1107
F_3	1107	2000000	1807:1	99,95	<1

Ferner ist leicht einzusehen, daß der Einsatz sterilisierter ♂♂ gegen massenvermehrte Insekten kaum in Frage kommt. Sofern es sich nicht um Dauerschädlinge mit annähernd gleichbleibender Populationsdichte handelt, ist die Autozidmethode vielmehr gerade während der Latenz des betreffenden Schädlings am aussichtsreichsten und mit dem geringsten Aufwand durchzuführen. Oft ist es angebracht, zunächst die Schädlinge mit Hilfe von Insektiziden soweit zu dezimieren, daß die erforderliche zahlenmäßige Überlegenheit der sterilisierten ♂♂ gesichert ist.

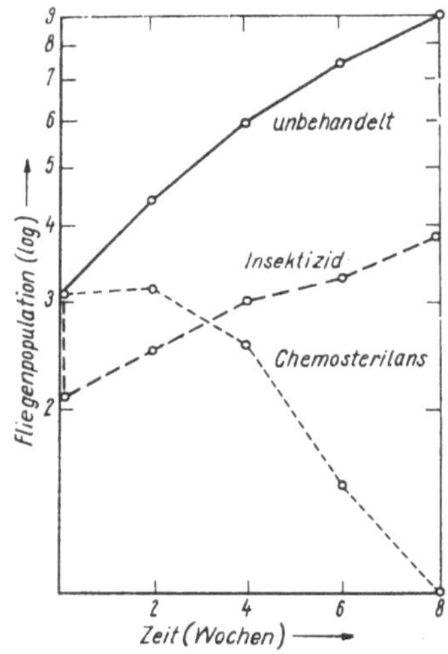

Abb. 14. Entwicklungstrends in Modellpopulationen der Stubenfliege. Ausgangszahl 2000, Annahmen: Den Fliegen stehen Nahrung und Raum unbegrenzt zur Verfügung; die Lebensdauer beträgt, sofern nicht mit Insektiziden eingegriffen wird, 4 Wochen. Das Insektizid wird zu Beginn und im Abstand von 2 Wochen eingesetzt und tötet 90% der Imagines. Die 2. Kolonie wird in gleicher Weise mit einem Chemosterilans behandelt, das 90% der Fliegen sofort und lebenslänglich sterilisiert (nach BOŘKOVEC 1966)

Bei vielen Insekten ist die Unterschiedung von ♂♂ und ♀♀ in dem zu behandelnden Stadium mühevoll oder die Trennung der Geschlechter zu aufwendig. Erfahrungsgemäß ist es jedoch vertretbar, wenn die ♀♀ mit freigelassen werden, da sie wenigstens partiell sterilisiert zu sein pflegen. Zwar ziehen sie einen Teil der Paarungsaktivität der sterilisierten ♂♂ auf sich, andererseits konkurrieren sie aber mit den ♀♀ der Freilandpopulation um die befruchtungsfähigen ♂♂.

Für die Strahlensterilisation kommen Gammastrahlen, Röntgenstrahlen und schnelle Neutronen in Frage. In der

Regel werden radioaktive Isotope von Kobalt und Caesium als Quelle der Gammastrahlung benutzt. Voraussetzung für die Anwendbarkeit ist die Möglichkeit, das betreffende Schadinsekt in ausreichender Menge zu züchten. Die Bestrahlung erfolgt meist im Puppenstadium. Ausnahmsweise kommt allerdings auch die Behandlung im Freiland gesammelter Insekten in Frage. So gelang es in der Schweiz, den Feldmaikäfer (*Melolontha vulgaris*) lokal auszurotten, indem man genügend Käfer sammelte und nach Bestrahlung wieder freiließ. Die Einrichtungen für die Strahlensterilisation sind teuer und nicht transportabel, zumal umfangreiche Sicherheitsvorkehrungen erforderlich sind. Daraus können sich nicht unbedeutende Transportprobleme ergeben, wenn täglich größere Insektenmassen zu den Einsatzorten gebracht werden müssen.

Das ist ein Grund, warum man sich auch bei der Überschwemmungsmethode vielfach lieber der Chemosterilisation bedient. Ein anderer kann sein, daß bei der Strahlensterilisation (wie bei den meisten Käfern und Lepidopteren) oft die Spanne zwischen der für die Sterilisation notwendigen und der für ein normales Verhalten noch tragbaren Dosis zu gering ist. Das gleiche gilt zwar vielfach auch für Chemosterilantien. Die große Auswahl verschiedenartiger Verbindungen eröffnet jedoch die Aussicht, früher oder später eine bessere Lösung des Problems zu finden.

Als Chemosterilantien werden vor allem alkylierende Substanzen, wie die Aziridine, angewendet. Es handelt sich um eine Klasse von Verbindungen, die in der Krebstherapie als Zytostatika eine Rolle spielen. Daneben spielen Triazine eine große Rolle, die eine große Ähnlichkeit mit manchen Herbiziden haben. Zu den ersteren gehören die unter den Namen Tepa, Metepa, Thiotepa und Apholate bekannten Chemosterilantien. Auch Antimetaboliten werden zur Insektensterilisation benutzt.

Wie die kurzen Angaben zeigen, handelt es sich bei den Sterilantien um Verbindungen, die in ihrer Wirkung keineswegs auf Insekten beschränkt sind. Infolgedessen ist allgemein anerkannt, daß eine flächenweise Ausbringung nicht in Frage kommt. Vielmehr müssen die Sterilantien gezielt so angewendet werden, daß möglichst nur die zu bekämpfende Schädlingsart damit in Kontakt kommt. Am einfachsten ist die Ausbringung mit Hilfe von granulierten Fraßködern, die sich bei manchen Fliegen bewährt haben. Eine größere Lockwirkung und eine strengere Spezifität haben Sexuallockstoffe, jedoch bereitet es Schwierigkeiten, das angelockte ♂ nach hinreichendem Kontakt mit dem Sterilans zum Verlassen der Falle zu bewegen und zu verhindern, daß es statt eines ♀ die nächste Falle aufsucht. Die erstgenannte Schwierigkeit steht auch dem Einsatz von Lichtfallen entgegen.

Da die Bekämpfung der amerikanischen Schraubenwurmfliege (*Cochyliomyia hominivorax*: Calliphoridae) zu den eindrucksvollsten Beispielen von Großaktionen gegen Schadinsekten gehört, sei sie hier kurz nachgezeichnet. Die Fliege ist ein gefürchteter Myiasis-Erreger bei Rindern und anderen Haustieren. Ihre ♀♀ legen bis zu 3000 Eier an Wunden ab. Die in der Haut minierenden Larven verursachten Verluste, die auf mehrere hundert Millionen Dollar im Jahr geschätzt wurden. Die ♂♂ können mit etwa 8000 r relativ leicht sterilisiert werden, die ♀♀ sind widerstandsfähiger. Die Trennung der Puppen erwies sich bei den benötigten riesenhaften Mengen jedoch als zu umständlich, so daß die Mitfreilassung unvollständig sterilisierter ♀♀ in Kauf genommen wurde, ohne daß dadurch eine spürbare Beeinträchtigung des Erfolges eintrat. Zunächst gelang es 1953 innerhalb von 8 Wochen, die Fliege durch Aussetzung von 500000 ♂♂ auf einer 200 km^2 großen Insel vor der Küste von Florida auszurotten. Allerdings erfolgte hier bald eine Neubesiedlung vom Festland aus. Dauerhafter war der Erfolg bei der anschließenden Bekämpfung der Schraubenwurmfliege auf der mehr als doppelt so großen Insel Curaçao (1955).

Das Ergebnis war hier so ermutigend, daß man sich entschloß, die sterile-Männchen-Methode auch in Florida anzuwenden, wo der Parasit eingeschleppt worden war.

Das Ausmaß der zu lösenden Aufgabe machte den Aufbau einer leistungsfähigen Zuchtanlage erforderlich. Sie lieferte bis zu 50 Mio Fliegen in der Woche, die über einem 50000 Quadratmeilen großen Gebiet abgeworfen wurden. Nach 18 Monaten gab es keine Schraubenwurmfliege in Florida mehr. Daraufhin wurde die Aktion auf ein riesiges Gebiet ausgedehnt, das mehrere Südstaaten der USA umfaßte. Eine neue Fliegenfabrik lieferte bis zu 150 Mio Fliegen in der Woche, für deren Ausbringung eine Luftflotte von 20 Flugzeugen zur Verfügung stand. Der Versuch, das erneute Vordringen der durch diese Großaktion ausgerotteten Fliege von Süden her durch Weiterbehandlung einer Sperrzone in Nordmexiko aufzuhalten, hatte nicht den erwarteten Erfolg. Nachdem es 1970 nur noch 153 beobachtete Fälle von Schraubenwurmfliegen-Auftreten in den USA gewesen waren, schnellte die Zahl 1972 auf über 95000 hoch. Offenbar hatte man den für die Aufrechterhaltung der Sperre erforderlichen Aufwand unterschätzt oder die Qualitätskontrolle in der Fliegenproduktion vernachlässigt. In Zusammenarbeit der beiden beteiligten Staaten wurde daher eine „Fliegenfabrik" mit einem Ausstoß von 300 Mio Fliegen/Woche projektiert, mit deren Hilfe der Myiasis-Erreger bis zum Isthmus von Tehuantepec oder noch weiter zurückgedrängt werden soll.

Trotz des ungewöhnlichen Aufwandes lag das Verhältnis der Kosten zum Nutzen wenigstens in der ersten Phase der Kampagne, der Ausrottung der Fliege in den USA, günstiger als bei den meisten Pflanzenschutzmaßnahmen.

Die Versuche, das gleiche Prinzip bei der Bekämpfung anderer Insekten anzuwenden, sind in ihrer Vielzahl nicht mehr überschaubar (vgl. z. B. Berndt u. Nitschmann 1971). Die Zahl der wirklich mit der Autozidmethode unter Praxisbedingungen bekämpften oder in größeren Gebieten ausgerotteten Insekten ist dagegen gering. Es ist das ein Zeichen dafür, daß die sterile-Männchen-Methode nicht geeignet ist, die Insektizidanwendung allmählich generell abzulösen, wenn sie auch die Optimallösung für bestimmte

Schädlingsprobleme darstellt. Hauptsächlich dürfte sie sich zur Bekämpfung von Dauerschädlingen unter den Lepidopteren und Dipteren im Obst- und Gemüsebau eignen. Daneben kommt auch die Ausrottung von Gesundheitsschädlingen in Frage.

Es sei lediglich noch auf folgende Beispiele verwiesen: Auf der Marianeninsel Rota konnte die Melonenfliege (*Dacus cucurbitae*), auf der benachbarten Insel Guam die Orientalische Fruchtfliege (*Dacus dorsalis*) durch Freilassung strahlensterilisierter ♂♂ ausgerottet werden. Nachdem man in einem Grenzstreifen an der mexikanisch-kaliformischen Grenze 10 Jahre hindurch in dreiwöchentlichem Abstand Insektizide gegen die Mexikanische Fruchtfliege (*Anastrepha ludens*) ausgebracht hatte, wurden 1964 und 1965 zunächst Tepa-, dann strahlensterilisierte Männchen ausgesetzt, wodurch die Fruchtfliege vollständig verschwand. Auch in verschiedenen Ländern des Mittelmeergebietes wurde die Autozidmethode zur Fruchtfliegenbekämpfung angewendet. Mit Hilfe von granulierten Ködern konnte man verschiedentlich die Zahl der Stubenfliegen an Müllplätzen oder in Tierhaltungen drastisch senken, jedoch wurden die Populationen in diesen Fällen schnell durch Zuflug ergänzt. In der sozialistischen Landwirtschaft könnte die Spezialisierung von Betrieben und die Konzentration bestimmter Kulturen in begünstigten Anbaugebieten für die Anwendung der Autozidmethode förderlich sein. Überraschenderweise hatte sie in der VR Polen selbst in Gebieten mit Streuobstbau bei der Apfelwicklerbekämpfung gute Ergebnisse, infolge hoher Ausbringungskosten (bei Hubschraubereinsatz) war das Verfahren jedoch wesentlich teurer als eine herkömmliche Bekämpfung.

In vielen Fällen hat die Sterilisationsmethode aber auch versagt. Meist sprechen die negativen Ergebnisse jedoch kaum gegen die Brauchbarkeit der entsprechenden Verfahren, weil die Voraussetzungen für ihre Anwendung nicht voll erfüllt waren. Zum Beispiel fehlte as an dem nötigen zahlenmäßigen Übergewicht der sterilisierten ♂♂

oder diese waren gegenüber den unbehandelten nicht voll konkurrenzfähig. Letzteres war z. B. bei einer Aktion gegen die Baumwolleule (*Heliothis armigera*) der Fall, bei der man in einem isolierten Tal Kaliforniens nicht weniger als 80 Mio Tiere freiließ, ohne daß sich ein Effekt zeigte. Übrigens ist auch bei der Strahlen- und der Chemosterilisation mit der Möglichkeit einer Resistenzbildung zu rechnen.

Die Sterilisationsmethode dürfte grundsätzlich auch für Milben in Frage kommen. Eine Bekämpfungsaktion gegen eine Zecke ist im Nahen und Mittleren Osten im Gange.

6.1.2. Freilassung semisteriler Tiere

Bei der radiologischen und chemischen Sterilisation entstehen zahlreiche Genmutationen und Chromosomendefekte. Man kann sich leicht vorstellen, daß bei Dosen, die zu fast vollständiger Sterilität führen, kein Tier genetisch ungeschädigt bleibt und die Art der Schädigung unterschiedlich ist. Wie die Sterilität erreicht wird, ist im allgemeinen ja auch belanglos.

Es gibt jedoch auch die Möglichkeit, mit schwächeren Dosen zu arbeiten, bei denen es nur zu geringeren Schäden kommt, so daß sich noch ein Teil der Tiere fortpflanzen kann, obwohl der genetische Apparat gewisse Schäden aufweist, die bewirken, daß sich nur die bestimmte Kombinationen der Chromosomen besitzenden Eier entwickeln. Die daraus hervorgehenden Tiere geben dann die Defekte an die wiederum verminderte Nachkommenschaft weiter (Abb. 15). Auf diese Weise tragen genetische Fehlinformationen auf lange Sicht zur Dezimierung der Population bei. Bei Wiederholung der Aussetzung solcher semisterilen Tiere in mehreren Generationen kann es jedoch auch, wie bei vollsterilen Tieren, zur gebietsweisen völligen Ausrottung der manipulierten Insektenart kommen. Ihr Einsatz ist nicht nur ein Notbehelf für den Fall, daß vollsterilisierte ♂♂, wie es bei Lepidopteren die Regel ist, nicht mit den unbehandelten konkurrieren können, sondern unter Umständen sogar vorteilhafter. Bereits mit einer einmaligen Aussetzung bestrahlter Tiere kann ein sehr spürbarer, jahrelang anhaltender Erfolg erzielt werden.

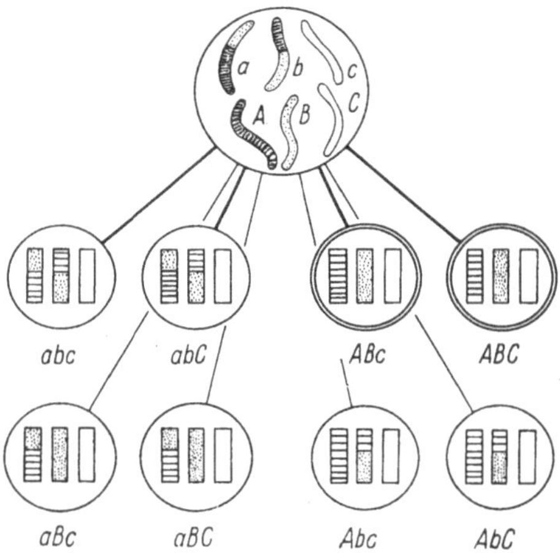

Abb. 15. Schematische Darstellung einer reziproken Translokation und mögliche Kombinationen der Chromosomen in einer Meiose eines heterozygoten Individuums. In der oberen Reihe 2 Gameten mit einem normalen Chromosomensatz (Doppelring) und 2 Gameten, die die vollständige genetische Information, zugleich aber auch die Translokation als Erbkrankheit an die Nachkommenschaft weitergeben. In der unteren Reihe Gameten, denen ein Teil der genetischen Information fehlt

Man kann semisterile Tiere auch in gezielterer Weise einsetzen: Zwar lassen sich keine bestimmten Mutationen erzeugen, man kann sie jedoch aus einer großen Zahl zufällig entstandener auswählen und so bestimmte Formen der Semisterilität nach Massenzucht ihrer Träger in Freilandpopulationen einbringen.

Relativ häufig treten z. B. reziproke Translokationen, d. h. zwischen 2 Chromosomen ausgetauschte Bruchstücke auf. Daß man sie bei Freilandpopulationen selten findet, deutet darauf hin, daß sie für die Erhaltung der Art nachteilig sind und daher ausgemerzt werden.

Bei Tieren, die translozierte Chromosomen in heterozygotem Zustand besitzen, fehlt einem bestimmten Prozentsatz (durchschnittlich 50%) der Nachkommen ein Teil der genetischen Information, während der Rest vollständig damit versehen ist, aber (als Erbe des gleichen Defektes) überwiegend bei der Paarung mit normalen Artgenossen den gleichen Nachkommenschwund aufweist.

Zur Aussetzung im Freiland, bei der ebenso wie bei vollständiger Strahlen- und Chemosterilisation ein Übergewicht sterilisierter ♂♂ erreicht werden sollte, kann man homozygote Träger der Translokation züchten, die bei Paarung mit Freilandtieren zu den benötigten Heterozygoten führen.

Bei Translokation zwischen einem Autosom und einem Geschlechtschromosom kommt man, sofern die ♂♂ heterogametisch sind, zu semisterilen ♂♂. Obwohl es zunächst nachteilig erscheint, wenn die Semisterilität auf ein Geschlecht beschränkt bleibt, ist die Austilgung eines Schädlings auf diese Weise leichter zu erreichen, da es in der Nachkommenschaft keine für die Translokation homozygoten Nachkommen geben kann, die bei Kreuzung miteinander voll fertil wären. Diese Möglichkeiten der Bekämpfung scheint vor allem für Stechmücken (Culicidae) in Frage zu kommen. Ihre Bewährungsprobe bestand die Translokationsmethode bei einer Stechmückenbekämpfung in Südfrankreich.

Ein wesentlich umfangreicheres Projekt ist die in Aussicht genommene Bekämpfung der Myiasis-erregenden Schmeißfliege *Lucilia cuprina,* die in der Schafzucht Australiens große Verluste verursacht. Die Ausbringung der für eine Ausrottung erforderlichen Anzahl vollsterilisierter Tiere ist in Anbetracht der Größe des Schadgebietes kostenmäßig nicht tragbar. Stattdessen wird erwogen, semisterile Fliegen (schon im Larvenstadium) abzuwerfen. Dabei wäre zwar eine völlige Ausrottung in vor Zuflug geschützten insulären Gebieten ein Vorteil, im übrigen wird aber der Fortbestand einer reduzierten semisterilen Population als günstiger angesehen, weil sie die Wiederbesiedlung durch zuwandernde voll fertile Tiere verhindern würde.

Semisterilität bewirkende Chromosomendefekte ermöglichen es durch Ausrottung eines Teils der Population auch, einzelne schädliche Gene oder Allele in eine Population einzubringen, die sonst kaum genutzt werden könnten, weil sie eine Massenzucht verhindern, die Konkurrenzfähigkeit ihrer Träger vermindern oder wenigstens keinen Selektionswert haben, der ihre Ausbreitung fördert. Zusammen mit Chromosomendefekten kann man z. B. eine Empfindlichkeit gegenüber hohen Temperaturen in die Freilandpopulation einschleusen, zumal diese unterhalb der kritischen Schwelle die Massenzucht und bei polyvoltinen Tieren die Ausbreitung im Sommer nicht beeinträchtigt. Ebenso können Mutationen, die die Frosthärte vermindern oder den rechtzeitigen Eintritt der Diapause verhindern, zur Ausrottung oder drastischen Reduktion einer Schädlingspopulation beitragen. In Nordamerika versucht man auf entsprechende Weise die Empfindlichkeit der Hessenfliege (*Mayetiola destructor*) gegen Resistenzfaktoren des Weizens wiederherzustellen.

6.1.3. Ausnutzung einer Inkompatibilität unterschiedlicher Herkünfte

Schon Ende der dreißiger Jahre wurde festgestellt, daß Kreuzungsversuche zwischen einem englischen und einem französischen Stamm der Stechmücke *Culex pipiens* mißlangen. Später fand man heraus, daß bei dieser Mücke Kreuzungsversuche zwischen weit entfernt lebenden Populationen so häufig ohne Ergebnis bleiben, daß man annehmen kann, daß es für jede Population irgendwo eine andere gibt, mit der eine Kreuzung unmöglich ist. Die ♂♂ dieser Population brauchte man nur zu züchten und auszusetzen, um voll sterile und in der Regel auch voll konkurrenzfähige ♂♂ zur Bekämpfung der heimischen Stechmücken zu haben. Natürlich muß das Mitaussetzen von ♀♀ vermieden werden. Auch hierfür wurde eine genetische Methode vorgeschlagen, nämlich die Bindung eines Resistenzfaktors für ein bestimmtes Insektizid an das Y-Chromosom und die Behandlung mit diesem Insektizid. Im Käfigversuch konnte man sehr schnell einen Zusammenbruch der Mücken erreichen, ein erster Großversuch in Burma führte (bei isolierter Lage) in 12 Wochen zur Ausrottung der betreffenden Art (LAVEN 1969). Als Ursache der Sterilität wurde eine Unverträglichkeit des Zytoplasmas angenommen. Die Dinge liegen aber komplizierter, da die Inkompatibilität mit unterschiedlichen Stämmen rickettsienähnlicher Symbionten zusammenhängt.

Bisher ist eine derartige „zytoplasmatische Inkompatibilität" nur von wenigen Insektenarten bekannt. Von besonderem Interesse ist die Unverträglichkeit verschiedener europäischer Herkünfte der Kirschfruchtfliege (*Rhagoletis cerasi*) und die einseitige zwischen iranischen ♀♀ und nordamerikansichen ♂♂ der Dattelmotte (*Ephestia cautella*). Eine nur partiell zytogenetisch bedingte (zum Absterben der Eier führende), hauptsächlich aber durch befruchtungsphysiologische Differenzen zu erklärende Sterilität wurde beim Vergleich verschiedener Stämme des Kupferstechers (*Ips chalcographus*) festgestellt.

Anhangsweise sei vermerkt, daß man sterile ♂♂ innerhalb einer Gruppe nahe verwandter *Anopheles*-Arten (*A. gambiae*-Komplex in Afrika) auch durch Artkreuzung erhalten kann. Ähnliches trifft zweifellos auch für einige andere Insekten zu. Ob sich diese Bastardsterilität für die Bekämpfung ausnutzen lassen wird, ist noch nicht abzusehen.

6.2. Eingriffe in die hormonelle Regulation

Seit Ende der 60er Jahre hat sich das Interesse der nach neuen Bekämpfungsmethoden suchenden Forschingsgruppen sehr stark dem Hormonsystem zugewandt.

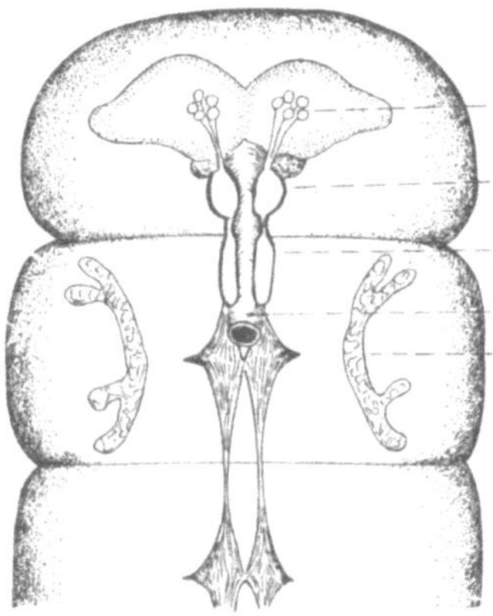

Abb. 16. Grobschematische Übersicht über die Lage der inkretorischen Organe im Insektenkörper

Diese besteht in erster Linie aus (Abb. 16):

a) Neurosekretorischen Zellen im Gehirn (Protocerebrum), die das Aktivationshormon ausschütten, das die Corpora allata zur Sekretion anregt und direkt bei der Proteinsynthese beteiligt ist. Andere Neurohormone beeinflussen die Herztätigkeit, die Nervenaktivität, die Darmfunktion, den Trehalosespiegel im Blut und anderes;

b) den Prothorakaldrüsen oder ihnen homologen Bildungen. Die Drüsen weisen eine starke RNS-Synthese auf und bilden das Häutungshormon Ecdyson bzw. Vorstufen davon oder zur Bildung des Hormones benötigte Enzyme. Ecdyson ist seinerseits wahrscheinlich nur eine Vorstufe des wirksameren Ecdysterons. Das Häutungshormon hat stoffwechsel- und verhaltensphysiologische Nebenwirkungen. Mitunter wurden durch überhöhte Ecdysongaben im Experiment Eibildung und Eireifung gehemmt;

c) den Copora cardiaca, die zusammen mit den Corpora allata den retrocerebralen Komplex bilden, der hinter dem Gehirn und beiderseits der Aorta liegt. Bei den höheren Dipteren bilden C. cardiaca, C. allata und Prothorakaldrüsen den Weismannschen Ring. Die C. cardiaca schütten das Aktivationshormon aus, das sie über die direkte Nervenverbindung vom Gehirn zugeführt bekommen;

d) den Corpora allata, die das Juvenilhormon (JH) produzieren. Das Juvenilhormon bewirkt, daß die Häutungen der Wachstums- und Reifephase der Insekten Larvalhäutungen sind. Mit Verminderung des JH-Spiegels nehmen die Häutungen einen anderen Charakter an und führen zur Verpuppung und zum Schlüpfen der Imago. Die Tatsache, daß im Imaginalstadium eine erneute JH-Produktion einsetzt, zeigt, daß dieses Hormon auch andere Funktionen erfüllt. Die Forschung hat im Laufe der Zeit ein immer breiteres Wirkungsspektrum ergeben. So beeinflußt das JH das Sexualverhalten, die Eireifung, die Spermatophorenbildung und ganz allgemein den Stoffwechsel. Die vielseitige Wirkung erklärt sich primär durch Permeabilitätsänderungen der Membranen.

Bei den Neurohormonen handelt es sich um Peptide, beim Ecdyson, dem Ecdysteron und ähnlich wirkenden Verbindungen um Steroide und beim JH um den Methylester einer aliphatischen Fettsäure. Das JH kann bereits synthetisch hergestellt werden.

Wie bei den Wirbeltieren hat auch bei den Insekten jeder Eingriff in das Hormonsystem schwerwiegende und oft tödliche Folgen. Häutungen können vermehrt oder in ihrem Charakter verändert werden. Nicht selten führen sie zu lebens- oder zumindest fortpflanzungsunfähigen Mißbildungen. In anderen Fällen wird die weitgehend hormonell gesteuerte Diapause vorzeitig abgebrochen oder ganz verhindert, und besonders häufig treten Fortpflanzungsstörungen durch Verhaltensänderungen oder Sterilität auf. Durch negative Beeinflussung des Stoffwechsels gibt es weitere insektizide bzw. insektistatische Auswirkungen.

Einen großen Auftrieb für die Forschung hinsichtlich der Anwendungsmöglichkeiten von Hormonen bildete die Entdeckung, daß aus Insekten nur unter sehr großem Aufwand und nur in kleinsten Mengen zu gewinnende Hormone in großen Mengen in einer Reihe von Pflanzen vorkommen, und recht unterschiedliche chemische Substanzen eine analoge oder mimetische Wirkung haben können.

Als Sláma 1964 anläßlich eines Studienaufenthaltes seine Feuerwanzenzucht (*Pyrrhocoris apterus*) aus der ČSSR mit nach den USA nahm, vollzog hier von 1215 Larven des letzten Stadiums nur eine einzige die normale Imaginalhäutung. Alle anderen verkrüppelten oder häuteten sich ein weiteres Mal zu einer übergroßen Larve. Bei der Überprüfung der auf die Wanzen wirkenden unterschiedlichen Einflüsse konnte schließlich festgestellt werden, daß offensichtlich der zum Auslegen der Petrischalen benutzte Zellstoff verantwortlich war. Noch wirksamer in der Verhinderung der Imaginalhäutung war Zeitungspapier, allerdings wirkten die verschiedenen Zeitungen unterschiedlich: Auf der „New York Times" und auf japanischen Zeitungen konnte man keine Wanzen züchten, dagegen gediehen sie auf „Times" und „Nature" völlig normal. Die weitere Ermittlung ergab, daß die überraschende Wirkung auf Zellstoff zurückzuführen ist, der aus der Balsamtanne (*Abies balsamea*) stammt. Der „paper factor" wirkt nicht auf alle Insekten und nicht einmal auf alle Wanzen, jedoch auf eine in Nordafrika und Indien an Baumwolle schädigende Wanze, so daß sich lohnende Bekämpfungsaussichten eröffnen. Die spezifische Wirkung des paper factors ist von großem theoretischem Interesse, zumal der Gegenversuch ergab, daß die Feuerwanze durch das aus dem Seidenspinner (*Bombyx mori*) isolierte JH nicht beeinflußt wird. Inzwischen sind außer Extrakten mit JH-Wirkung aus anderen Pflanzen zahlreiche synthetische JH-analoge Substanzen oder Substanzen, die wenigstens einen Teil der JH-Wirkung entfalten, bekannt geworden. Die meisten sind

Farnesolderivate (Isoprenoide). Sehr wirksame synthetische JH-Mimeten (Mimics) fand man in Geraniol-Äthern, mit denen Versuche zur Bekämpfung von Vorratsschädlingen durchgeführt wurden.

Auch Ecdyson und Ecdysonmimetika kommen in Pflanzen vor. Um 1975 kannte man bereits 35 Phytosteroide, die auf Insekten als Häutungshormon wirken. Sie stammen aus zahlreichen Pflanzenfamilien, vor allem aber aus Farnen und Gymnospermen. Sehr reich an Ecdysteron ist z. B. die Eibe (*Taxus baccata*); aus 45 kg trockenen Nadeln konnte man 10 g gewinnen. Dagegen verbrauchten BUTENANDT und KARLSON bei ihrer bekannten ersten Reindarstellung eines Insektenhormons (1953) 580 kg Seidenraupen mit einer Ausbeute von nur 25 mg kristallinem Ecdyson.

Ob sich die „Insektenhormone" in den Pflanzen als Abwehrmittel gegen Insekten entwickelt haben, wie man angenommen hat, ist sehr fraglich. Bei den Ecdysonen spricht dagegen, daß sie in den Pflanzen eine Bedeutung als Wachstumsregulatoren besitzen, außerdem sind sie bei oraler Aufnahme wirkungslos.

Die technische Herstellung von JH-Mimetika, die wasserlöslich sind und eine gute Kontaktwirkung haben, ist unproblematisch, und man kennt schon mehrere tausend strukturell sehr unterschiedlicher Verbindungen mit entsprechender Wirkung. Neurohormone kommen wegen ihrer Peptidnatur für eine Bekämpfung nicht in Frage. Ihre weitere Erforschung könnte jedoch zu niedermolekularen Substanzen führen, die störend in Hormonproduktion oder -wirkung eingreifen.

Ecdyson-Präparate sind wasserlöslich. Sie können die Kutikula in der Regel nicht durchdringen und werden bei oraler Aufnahme meist zerstört. Es gibt jedoch schon Anhaltspunkte dafür, daß es gelingen wird, durch bestimmte Lösungsmittel die Durchdringung der Insektenkutikula zu erreichen. Daß im Insektenkörper ein schneller Abbau erfolgt, dürfte kein grundsätzliches Anwendungshindernis sein.

Wenngleich es noch nicht endgültig gesichert ist, daß Hormonpräparate nicht auch auf Wirbeltiere wirken, ist nicht zuletzt wegen der äußerst geringen Aufwandmengen in dieser Hinsicht kaum mit unerwünschten Nebenwirkungen zu rechnen. Eher könnten andere Arthropoden in Mitleidenschaft gezogen werden. Bei den Ecdysonen scheinen phytotoxische Wirkungen nicht ausgeschlossen. Im großen und ganzen wird man damit rechnen können, daß eine Breitenwirkung vorhanden ist, die eine Produktion und die Formulierung von praxisreifen Präparaten gestatten wird. Andererseits eröffnet die Feststellung der sehr begrenzten Wirksamkeit des paperfactors auch die Aussicht auf die Möglichkeit der Herstellung von sehr spezifischen Insektiziden.

Manche JH-Präparate schädigen auch Milben, ohne aber bestimmte morphogenetische Veränderungen hervorzurufen; andere üben dagegen keinerlei Wirkung auf sie aus, so daß die Möglichkeit besteht, bei Insektenbekämpfungen Raubmilben zu verschonen.

Ein großer Vorteil der Hormonpräparate ist natürlich die ungewöhnlich geringe Aufwandmenge. Ein JH-Präparat, das in der ČSSR hergestellt wurde, wirkt auf die Feuerwanze bereits in einer Dosis von 0,001μg! 10 bis 100 mg reichen aus, um auf 1 ha alle Feuerwanzen abzutöten. Mit 100 mg/ha konnte auch man eine an Baumwolle schädliche Wanze (*Dysdercus* sp.) vernichten. Ein zur Sterilisation von Lepidopteren benutztes Präparat braucht nur mit 1 g/ha angewendet zu werden.

JH-Präparate können, wie das Beispiel der Feuerwanze zeigte, perkutan oder über die Gasphase aufgenommen werden. Auch über die behandelte Pflanze, also mit erheblicher Tiefenwirkung oder gar systemisch, können JH-Präparate eingesetzt werden. Die Wirkungsdauer ist allerdings eng begrenzt, und bei vielen Verbindungen mit JH-Wirkung deswegen ungenügend, weil auch das natürliche Hormon oft nur in bestimmten sensiblen Phasen (meist zu Beginn der Embryonalentwicklung und im frühen letzten Larvenstadium, teilweise auch bei der

Puppe) wirkt, Freilandpopulationen jedoch nicht synchronisiert sind. Bei der Behandlung frischer Puppen von *Stomoxys calcitrans* genügten beispielsweise 1/10 ppm eines Hormonpräparates, um Intermediärformen entstehen zu lassen, während bei 96 h alten Puppen selbst 100000 ppm wirkungslos blieben. Ein weiterer Nachteil der Hormonpräparate ist es, daß sie keine Sofortwirkung haben und im allgemeinen — falls man nicht ihre ovizide Wirkung ausnutzt — erst den durch die Folgegeneration verursachten Schäden vorbeugen. Mitunter kommt es zunächst sogar zu einer Erhöhung der Nahrungsaufnahme und schließlich mußte man gelegentlich (bei Blatt- und Schildläusen) feststellen, daß für Entwicklungsstörung und Sterilisation unzureichende Dosen zu einer Erhöhung der Nachkommenzahl führten.

Den größten Erfolg hat die Anwendung eines JH-Präparates bisher bei Stechmücken gehabt, bei denen die Bekämpfung im Gegensatz zu den meisten Schädlingen auf die Imagines abzielt. Es gelang die als Methoprene (Altosid) bezeichnete Verbindung relativ beständig in Mikrogranulaten zu formulieren, die von den Larven eingestrudelt wurden. Als Aufwandmenge werden 27 g/ha angegeben.

Als Sterilans wirkt JH gegen beide Geschlechter. Von besonderem Interesse ist es, daß sterilisierte ♂♂ bei der Kopulation noch so viel perkutan wirkendes JH übertragen können, daß die ♀♀ ebenfalls steril werden. Auf diese Weise ist die Sterilisation doppelt gesichert und auch spätere, vielleicht auch vorangegangene Paarungen mit unbeeinflußten ♂♂ bleiben ohne Erfolg. Eine direkte Einwirkung auf Eier ist u. a. von Tierläusen, Wanzen, Schmetterlingen und Stechmücken bekannt. Als Diapausebrecher erwiesen sich JH-Präparate beim Kartoffelkäfer und beim amerikanischen Luzernerüßler (*Hypera postica*) sowie bei einigen anderen Insekten.

Während eine Resistenzentwicklung gegen das eigene Hormon kaum möglich ist, gilt das nicht unbedingt für Hormonanaloga. *Culex pipiens* hatte z. B. schon nach einer Methoprene-Anwendung in der 8. Generation eine 13fache Toleranz erworben.

Hinsichtlich der Einwirkung von JH-Verbindungen auf Endoparasiten gibt es unterschiedliche Beobachtungen: Einerseits schlüpften die Parasiten ganz normal aus mißgebildeten Wirten, andererseits waren sie aber empfindlicher als die behandelten Raupen oder Puppen. Bei einer Blattlausbekämpfung wurden auch die Parasitenlarven (*Aphidius nigripes*) fast 100%ig getötet.

In den letzten Jahren wurden sehr zahlreiche JH-Mimetika, die man den für eine Anwendung zu labilen eigentlichen Hormonen, den Juvenaten, auch als Juvenoide gegenübergestellt, auf ihre Eignung zur Insektenbekämpfung geprüft. Die nur noch schwer überschaubaren Bemühungen auf diesem Gebiet können hier nicht eingehender behandelt werden. Sie führen auch über den Rahmen dieses Buches hinaus, denn es handelt sich dabei nicht mehr um die Anwendung von biogenen Substanzen, sondern um die Entwicklung von Insektiziden, die sich dadurch auszeichnen, daß sie gezielt in insektenspezifische physiologische Prozesse eingreifen, teilweise allerdings auch um solche pflanzlicher Herkunft.

Zu letzteren gehören auch zwei „Antihormone" aus der in Mexiko heimischen Gartenpflanze *Ageratum houstonianum* (Leberbalsam), die bereits auf S. 122 erwähnt wurden.

6.3. *Lockstoffe als Hilfs- und Bekämpfungsmittel*

Trotz beachtlicher Leistungen hochentwickelter Insektenaugen (z. B. Libellen, Raubfliegen) sind der optischen Orientierung der meisten Insekten enge Grenzen gesetzt. Stattdessen übernimmt der oft sehr leistungsfähige Geruchssinn die Führung. Im Zentimeterbereich spielen chemische Reize, also Lock- und Schreckstoffe, Auslöser von Fraß, Sexualverhalten, Eiablage usw., zweifellos bei allen Insekten eine sehr wesentliche Rolle. Bei vielen Insekten erfolgt eine Anlockung, die sie zu biologisch für sie bedeutsamen Reizquellen führt, jedoch über eine erheblich größere Entfernung. Mit Aufklärung der im Informations- und Kommunikationssystem entscheidenden Signale eröffnet sich die Möglichkeit, das Verhalten von Schadinsekten gezielt und ohne direkte Nebenwirkungen auf andere Arten zu beeinflussen. Insbesondere gilt das Interesse zahlreicher Forschergruppen den Lockstoffen (Attraktantien).

Bei Verfügbarkeit billiger Lockquellen und Fallen kann z. B. zum Schutz von Obstbäumen unter Umständen eine Anlockdistanz von weniger als 10 m ausreichend sein. In vielen Fällen wirken Lockstoffe jedoch auf wesentlich größere Entfernungen. Als Maxima werden angegeben:

Bombyx mori (Lepidoptera: Bombycidae)	11 km
Actias selene (Lepidoptera: Saturniidae)	11 km
Callosamia promethea (Lepidoptera: Saturniidae) ca.	5 km
Lymantria dispar (Lepidoptera: Lymantriidae)	3,8 km

Am Erreichen derart extremer Anflugentfernungen mag zwar eine anfänglich rein anemotaktische Komponente beteiligt gewesen sein, daran, daß Lockstoffe bei vielen Arten über eine erstaunliche Entfernung wahrgenommen werden, ist jedoch nicht zu zweifeln. Im allgemeinen wird aber bereits eine Anlockung über einige 100 m als günstig anzusehen sein.

Die Wirksamkeit von Lockstoffen wird besonders augenfällig durch Massenanflüge von ♂♂ an einem oder mehreren gekäfigten ♀♀. So sammelten sich bei der Kiefernbuschhornblattwespe *Diprion simile* im Durchschnitt 1000 ♂♂ bei einem ♀ an, in einem Falle waren es sogar 7000 ♂♂ innerhalb von 5 Stunden.

Experimentell konnte von Schneider (1967, 1968) nachgewiesen werden, daß bei *Bombix mori* 10^{-10} g/ml Lockstoff in der Luft für eine Reaktion genügen. Unter Berücksichtigung der Verteilung der Duftmoleküle in der Luft ergaben Berechnungen immerhin die Möglichkeit, daß eine Anlockung bei schwach bewegter Luft über 4,5 km erfolgt.

Die für eine Bekämpfung in Frage kommenden Lockstoffe kann man in

Sexuallockstoffe (SL)
Soziallockstoffe
Nahrungslockstoffe
Brutsubstratlockstoffe und
unspezifische Lockstoffe

untergliedern. Sexual- und Soziallockstoffe werden auch als Pheromone bezeichnet. SL sind bereits von vielen Insekten bekannt. In der Regel locken die ♀♀ die ♂♂ an, während Duftstoffe der ♂♂ eher als Aphrodisiaka wirken.

Eine ausgesprochene Fernwirkung kommt vor allem bei Lepidopteren und Hymenopteren vor. Eine Anzahl von SL der Lepidopteren wurde bereits aufgeklärt. Es handelt sich überwiegend um aliphatische Alkohole oder Azetate mit 12 bis 18 C-Gliedern. Soziallockstoffe, die zur Aggregation von Artgenossen führen, haben bei Borkenkäfern ebenfalls eine beachtliche Fernwirkung. In diesem Falle senden entweder die männlichen oder die weiblichen Pionierkäfer Lockstoffe aus, die beide Geschlechter anlocken.

Die Klassifizierung der Lockstoffe ist gelegentlich schwieriger, als man zunächst vermutet. So wirkt der bereits praktisch eingesetzte Lockstoff Methyleugenol auf die Orientalische Fruchtfliege (*Dacus dorsalis*) wie ein SL, da im allgemeinen nur die ♂♂ angelockt werden. Andererseits ist die Verbindung von den ♀♀ nicht bekannt, und die ♂♂ nehmen sie auch, wie einen Fraßköder, „gierig" auf. Bei Männchenmangel finden sich schließlich auch ♀♀ daran ein. Soziallockstoffe der Borkenkäfer wirken teilweise in Verbindung mit Lockstoffen des Wirtsbaumes erheblich stärker als für sich alleine.

Frühe Versuche, forstschädliche Schmetterlinge, wie z. B. die Nonne (*Lymantria monacha*), mit Hilfe von gekäfigten ♀♀ zu bekämpfen, geben eine gewisse Berechtigung, die Lockstoffe unter den biologischen Verfahren abzuhandeln. Mit vielen biologischen Verfahren hat die

Anwendung von Lockstoffen die erwünschte Spezifität gemeinsam, obwohl selbst SL nicht selten auf mehrere Arten wirken. Das ist bisher besonders von Lepidopteren bekannt. Offenbar lag beim Vorkommen in verschiedenen Biotopen oder bei tages- oder jahreszeitlich unterschiedlicher Aktivität keine Notwendigkeit vor, einen arteigenen Lockstoff zu entwickeln.

Zum Teil erklärt sich die mangelnde Spezifität auch daraus, daß häufig (oder gar in der Regel) nicht nur ein Lockstoff produziert wird, sondern ein Gemisch von zwei oder mehreren, wobei es sich um Isomeren handeln kann, und die Spezifität durch ein bestimmtes Mengenverhältnis von Attraktantien und „Koattraktantien" bedingt ist. Solche Koattraktantien könnten für die eine Art als Verstärker, für eine andere als Hemmer wirken. Unvollständige Extrakte oder Syntheseprodukte würden auf diese Weise mehr Adressaten als natürliche Lockstoffe ansprechen. Anlockung artfremder ♂♂ kommt aber (selbst über Familiengrenzen hinweg) auch bei gekäfigten Lepidopteren-♀♀ vor.

Dem Einsatz lockender ♀♀ kann man heute keine und der Anwendung von Extrakten aus Tieren oder Pflanzen nur eine geringe Chance einräumen. Die Zukunft des Lockstoffeinsatzes liegt in der Synthese von Lockstoffen, wobei die Gewinnung wirksamerer, billigerer oder leichter herstellbarer Substanzen sehr häufig zu Abweichungen vom Naturprodukt führen dürfte. Außer Lockstoffen, die vom natürlichen Vorbild ausgehen, könnten auch solche eine Bedeutung erlangen, die ohne einen solchen Ausgangspunkt gefunden werden. GÖRNITZ fing z. B. bei Lockversuchen mit Cantharidin auch Insekten, bei denen keine Beziehung zu diesem Stoff erkennbar ist, und häufig fliegen Insekten bestimmte Lack- oder Harzfarben an.

Zur praktischen Anwendung von Lockstoffen

Seit altersher wird das Abfangen von Borkenkäfern und anderen Stammschädlingen mit Hilfe von Fangbäumen praktiziert. Dabei wirken oft neben den von den Pflanzen ausgehenden Lockstoffen auch die Sozialpheromone, so daß bei manchen Arten die Begiftung der Fangbäume (abgesehen von einer möglichen Abschreckwirkung des Insektizids) zu einer Verminderung der Fangwirkung führt. Die Fangbaummethode ist auch heute noch hochaktuell. Da sie arbeitsaufwendig ist und den Betriebsablauf empfindlich stören kann, muß sie jedoch als Notbehelf angesehen werden. Ein weiteres im Forst übliches Verfahren ist die Anlockung des Großen Braunen Rüsselkäfers (*Hylobius abietis*) zwecks Überwachung oder Bekämpfung mit Fangknüppeln oder zweigbeköderten Fallen. Fraßköder mit geringerer Reichweite wurden und werden zur Bekämpfung von landwirtschaftlichen und Vorratsschädlingen benutzt. Heute spielen sie z. B. eine große Rolle bei der Fruchtfliegenbekämpfung. Die Westindische Fruchtfliege (*Anastrepha mombinpraeoptans*) wird in Florida mit Fraßködern aus Baumwollsamen-Hydrolysat + Borax oder hydrolysierter Torulahefe + Borax angelockt. Kleieköder bewährten sich noch in neuester Zeit in der Wanderheuschreckenbekämpfung. In Griechenland werden Köderfallen für die Olivenfliege (*Dacus oleae*) u. a. mit Ammoniumsulfat beschickt.

Sie haben sich in den letzten Jahren zunehmend in der Überwachung bewährt. In den USA wurden zeitweise auf 3 Mio ha Lockstoffallen zur Überwachung des Schwammspinners aufgehängt, nachdem 1960 als zweiter SL eines Insektes der als Gyptol bekanntgewordene Lockstoff und bald darauf das ähnliche Gyplure synthetisiert wurden. Allein im Befallsgebiet von Neuengland wurden dabei 50000 Fallen verwendet. Es war daher überraschend, als 1970 mitgeteilt wurde, daß beide Lockstoffe in reiner Form gar nicht wirksam wären. Auch in Südosteuropa wurde der Lockstoff des Schwammspinners zur Überwachung des Falterfluges benutzt, jedoch arbeitete man hier überwiegend mit Extrakten. Inzwischen wurde die wahre Struktur des Lockstoffes, eines Epoxides (cis-7,8-epoxy-2-methyl-octadecan), erkannt.

Das daraufhin produzierte Präparat Disparlure ist in Verbindung mit einem Fixativ hervorragend wirksam. 1 µg hat die Wirkung eines lebenden ♀, Bruchteile davon übertreffen einen Rohextrakt aus 10 oder 20 Tieren. Nach Pressemeldungen kostete vor einigen Jahren 1 g in der Herstellung nur 30 Cents. Man könnte damit 10000 Fallen beködern, die etwa 0,07 DM kosteten, brauchte aber etwa 1000 Fallen/ha, um einen lohnenden Effekt zu erzielen.

In Europa wurde zunächst der Lockstoff des Bekreuzten Traubenwicklers (*Lobesia botrana*) zur Überwachung des Falterfluges eingesetzt. Inzwischen gibt es schon eine ganze Anzahl synthetischer Lockstoffe — eine Firma in den USA bot 1973 SL für nicht weniger als 40 Insektenarten an! Durch ihre Nutzung zur Überwachung ist eine besser gegründete Bekämpfungsentscheidung, gegebenenfalls durch erleichterte Festlegung des optimalen Termins auch die Anwendung von Insektiziden mit einer kürzeren Wirkungsdauer und damit geringeren Nebenwirkungen auf andere Glieder der Biozönose möglich.

Eine weitere biotechnische Anwendung werden Lockstoffe finden, um Spezifität und/oder Wirksamkeit von Bekämpfungsverfahren zu verbessern. Mittlerweile haben sie sich aber auch bereits in so vielen Freilandversuchen als eigentliche Bekämpfungsmittel bewährt, daß an der Praxisreife entsprechender Verfahren nicht mehr zu zweifeln ist. Das Abfangen der ♂♂ allein hat allerdings in der Regel keine hinreichende Auswirkung. Beim Schwammspinner wäre selbst beim Abfangen von 95% der ♂♂ in der nächsten Generation nur mit einem Populationsrückgang von 50% zu rechnen. Bei sehr geringer Populationsdichte ist infolge geringerer Konkurrenz der ♀♀ gegenüber den Fallen allerdings ein höherer Effekt zu erwarten. Jedenfalls verspricht aber die Desorientierungs- oder Konfusionsmethode größere Bekämpfungserfolge.

Dabei wird ein Geländestück oder Raum so mit SL angereichert, daß die ♂♂ (wahrscheinlich dadurch, daß ihre Rezeptoren bald für den im Übermaß angebotenen Duftstoff unempfindlich werden) nicht mehr in der Lage sind, die ♀♀ aufzufinden.

Für die schon zahlreichen Versuchsbekämpfungen nach der Desorientierungsmethode seien lediglich drei Beispiele angeführt.

Gegen den Schwammspinner warf man 5000 kleine Papierschnitzel/ha (0,4 cm^2) mit insgesamt 20 mg Lockstoff ab. Das hatte zur Folge, daß in den ersten 6 d kein ♂ zu den mit lebenden ♀♀ beköderten Fallen fand. Nach 21 d waren es immer noch nicht mehr als 1/3 der auf der Vergleichsfläche angeflogenen.

In einem Großversuch von Beroza u. Mitarb. (1974) wurde Disparlure in Mikrokapseln eingeschlossen über einem 60 km^2 großen Waldgebiet abgeworfen. Die Aufwandmenge betrug 5 g/ha. Beim Vergleich mit einem benachbarten unbehandelten Gebiet betrugen die ♂♂-Fänge in Lockstoffallen 63:2193, in mit ♀♀ beköderten Fallen 1:1136. In den ersten $2^1/_2$ Wochen wurden Paarungen fast völlig verhindert (Abb. 17).

Schäden durch die Weinbeerenmotte (*Paralobesia vite-*) *ana* konnten in den USA durch den Abwurf von SL-getränkten hohlen Fasern bei einer Aufwandmenge von nur 2,5 g/ha weitgehend verhindert werden. Die Wirksamkeit des Lockstoffes hielt dabei über 2 Monate an.

Am leichtesten sollte die Desorientierungsmethode gegen Vorratsschädlinge anwendbar sein.

Vielleicht führt die Lockstofforschung auch noch zu anderen praktischen verwertbaren Ergebnissen: Es gibt bereits verschiedene Hinweise auf „Antilockstoffe". Seit langem ist bekannt, daß die Lockstoffe der Lepidopteren in der cis- oder trans-Form vorkommen und die Beimengung von Strukturisomeren bei der Synthese die Wirkung aufhebt. Auf Grund spektroskopischer Untersuchungen kann man ebenfalls zu Antilockstoffen kommen, die die spezifischen Lockstoffe blockieren.

In den Niederlanden waren Versuche mit einem Antipheromon von *Adoxophyes orana*, das als Mikrogranulat

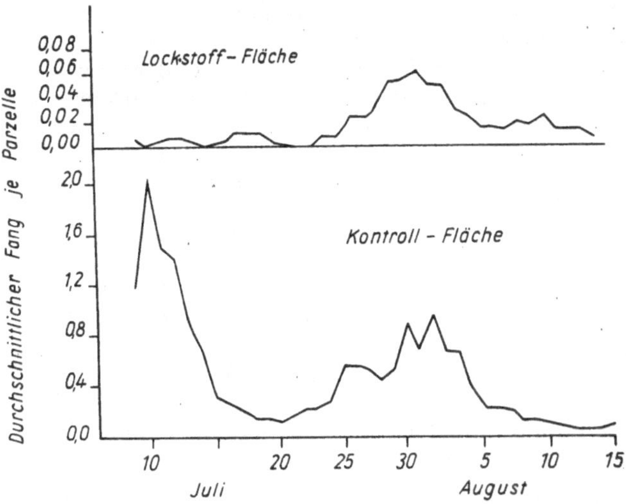

Abb. 17. Ergebnis einer Geländebehandlung mit dem synthetischen SL des Schwammspinners. Obere (überhöhte) Kurve: Anflug der desorientierten ♂♂ an die mit Lockstoff versehenen Kontrollfallen. Anstieg der Fangzahl mit Nachlassen der Wirkung des als Mikrogranulat ausgebrachten Lockstoffes. Untere Kurve: Rückgang der ♂♂-Anflüge in den Lockstoffallen beim (später einsetzenden) Schlüpfen der ♀♀, Wiederanstieg der Kurve bei Verminderung der Konkurrenz der ♀♀ gegenüber den Fallen nach weitgehender Begattung (nach BEROZA u. Mitarb. 1974)

ausgebracht wurde, recht erfolgreich. Als Antilockstoffe können auch an sich attraktive Bestandteile des normalen Lockstoffgemisches wirken, wenn sie in ungewöhnlich hohem Anteil geboten werden, beispielsweise in einem Verhältnis von A:B = 1:9 statt 9:1.

Die Bekämpfung mit Hilfe von Lockstoffen hat wohl bei einigen Bohrfliegen den bisher größten Umfang erreicht. Wie bereits erwähnt, handelt es sich dabei teilweise um Lockstoffe, die ähnlich wie SL wirken. Bei genügender Dichte der Lockquellen oder bei der gegen Mittelmeerfruchtfliege (*Ceratitis capitata*), Melonenfliege

(*Dacus cucurbitae*) und Orientalische Fruchtfliege (*D. dorsalis*) praktizierten Versprühung eines Lockstoff/Insektizidgemisches hat sich entgegen den bei der Anwendung von SL bei Lepidopteren gesammelten Erfahrungen auch das Abfangen oder Abtöten alleine der ♂♂ als ausreichend erwiesen. Das hängt sicher teilweise damit zusammen, daß in diesem Fall die ♀♀ nicht Konkurrenten der ausgebrachten Köder sind.

Bereits 1954 wurde versucht, die Orientalische Fruchtfliege auf einer 75 km² großen Fläche auf Hawaii mit Hilfe von Methyl-Eugenol zu bekämpfen. Der erste Großeinsatz gegen Bohrfliegen betraf 1956 die nach Florida eingeschleppte Mittelmeerfruchtfliege. Auf 300000 ha wurden nicht weniger als 50000 mit Angelikaöl beschickte Fallen ausgebracht, die einerseits die Feststellung der Ausbreitung gestatteten, andererseits einen hinreichenden Abwehrerfolg hatten.

Heute gibt es eine ganze Reihe gegen Bohrfliegen wirksamer und kommerziell hergestellter Lockstoffe, die unter den Namen Cuelure (gegen Melonenfliege), Siglure, Medlure und Trimedlure (alle gegen die Mittelmeerfruchtfliege) bekannt geworden sind. Mit Trimedlure konnte 1962 die Mittelmeerfruchtfliege auf Hawaii ausgerottet werden. In den Jahren 1962 und 1963 wurden auf der 85 km² großen Marianeninsel Rota gegen die Orientalische Fruchtfliege im Abstand von 2 Wochen etwa 30 cm² große, mit Methyl-Eugenol und einem Insektizid getränkte Faserplatten (150/Meile²) abgeworfen. Auf diese Weise gelang es, bei einer Verminderung der ♂♂-Zahl um mehr als 99% die dort seit 35 Jahren schädliche Fliege auszurotten. Später wurden auf gleiche Weise die Inseln Saipan und Tinian von diesem Schädling befreit. Für die Queensland-Fruchtfliege (*Dacus tryoni*) wurde ein Lockstoff gefunden, der im Gemisch mit einem Insektizid ohne Nachfüllung 18 Monate lang wirksam bleibt.

Versuchsweise wird auch der Japankäfer (*Popillia japonica*) in den USA mit einer Reihe von Lockstoffen wie Eugenol, Geraniol und Valeriansäure bekämpft, wobei auch in diesem Fall eine Abtötung mit Insektiziden erfolgt. Hauptsächlich finden jedoch Lockstoffallen, die mit Phenetyl-Butyrat + Eugenol beschickt werden, für Überwachungszwecke Anwendung. Die Kombination von Eugenol mit Cyclohexanpropionat erwies sich als noch attraktiver.

An der Anwendung von Soziallockstoffen zur Borkenkäferbekämpfung wird in den USA und in der UdSSR sehr intensiv gearbeitet. Es gelang bereits, mehrere Lockstoffe aufzuklären und diese teilweise auch zu synthetisieren. Ein praxisreifes Verfahren ist daraus jedoch noch nicht hervorgegangen. Schwierigkeiten ergaben sich u. a. daraus, daß Borkenkäferlockstoffe großenteils nicht für sich allein wirken, sondern mehrere käfereigene oder diese und aus der Wirtspflanze stammende Stoffe in einem bestimmten Mischungsverhältnis vorhanden sein müssen. Außerdem orientieren sich Borkenkäfer nicht nur olfaktorisch, sondern auch optisch, und eine zu hohe Lockstoffkonzentration, die unter natürlichen Bedingungen eine übermäßige Besiedlung des Brutholzes verhindert, veranlaßt sie zum Abdrehen. Auch hier könnte die Desorientierung durch Lockstoffüberangebot oder „Verwitterung" des Geländes mit einem Antilockstoff eher zum Erfolg führen, als eine Anlockung an zur Fällung anstehende Bäume oder Fallen.

Vielleicht werden Lockstoffe auch eine Bedeutung in Verbindung mit Chemosterilantien erlangen, da allgemein berechtigte Bedenken gegen eine flächenhafte Ausbringung sterilisierender Verbindungen bestehen, und bei vielen Schädlingen kaum Massenzuchten oder Massenfänge zur Anwendung der Überschwemmungsmethode durchführbar sind. Es ist allerdings wahrscheinlich, daß sich SL für diesen Zweck weniger eignen als Fraßköder. Erstens soll die Lockquelle ja nach einiger Zeit wieder verlassen werden, und zweitens besteht bei SL die Gefahr, daß ein bereits sterilisiertes Insekt immer wieder von den Fallen statt von den ♀♀ angelockt wird.

Die für die eigentlichen Lockstoffe vorgeschlagenen und wenigstens im Versuch erprobten Einsatzmöglichkeiten seien noch einmal zusammengefaßt:

Feststellung eingeschleppter oder zugewanderter Arten
Schätzung der Befallsstärke
Vernichtung gefangener Tiere in Fallen
Anlockung an Insektizide, Sterilantien und Pathogene
Konzentration von Schädlingen auf einen Teil der Kulturfläche (namentlich bei Arten, bei denen die ♀♀ angelockt werden)
Unterbindung der Paarung infolge Desorientierung durch Lockstoffüberangebot oder Antilockstoffe

Möglicherweise — es gibt bereits ermutigende Versuche — lassen sich auch ganz andersartige Pheromone für Bekämpfungszwecke nutzen, nämlich die Markierungssubstanzen, mit denen Fruchtfliegen-♀♀ (z. B. die der Kirschfruchtfliege) die von ihnen belegten Früchte für die Eiablage nachfolgender ♀♀ vergällen.

7. Die biologische Bekämpfung anderer Tiere und Sonderfälle der biologischen Bekämpfung

a) Bekämpfung von Nagetieren und Hasenartigen

Die Hauskatze ist wohl überall auf der Erde, wo es vorratsschädliche Mäuse gibt, eingebürgert worden, wobei sie großenteils zum halbwilden Freileben übergegangen ist und sich an vielen Stellen auch ganz vom Menschen und seinen Siedlungen gelöst hat. Die durch wildernde und verwilderte Katzen verursachten Faunenschäden (z. B. Neuseeland, Australien, viele Inseln) sind schwer zu überschauen, auf jeden Fall aber erheblich und es gibt wohl keinen Zweifel daran, daß Hauskatzen für das Aussterben mehrerer Tierarten zumindest mitverantwortlich sind.

Auch andere Einbürgerungsversuche mit Säugetieren haben sehr unerwünschte Nebenwirkungen gehabt. Bekannt ist vor allem die 1872 begonnene Einbürgerung des indischen Mungos (*Herpestes edwardsi*) auf den westindischen Inseln (heute auf Puerto Rico, Kuba, Haiti, Jamaika, St. Thomas, Grenada, Trinidad u. a.), wo er die eingeschleppten Ratten auf Zuckerrohrfeldern bekämpfen sollte. Nach 10 Jahren wurde zwar ein erheblicher Nutzen der Mungoeinbürgerung errechnet, es folgte jedoch bald eine regelrechte Mungoplage, da sich die Mungos, nachdem die Nahrung knapp wurde, an Hühner, Lämmer und Ferkel hielten. Infolge der Dezimierung insektenfressender Vögel, Säuger, Amphibien und Reptilien soll es auch zu größeren Insektenschäden gekommen sein. Die eigentümlichen Schlitzrüßler wurden fast (in einer Unterart völlig) ausgerottet und offenbar ist der Mungo auch Hauptursache für das Aussterben einiger Vogel-, Reptilien- und Amphibienarten. Einige der wenigen karibischen Kleinsäuger wurden stark dezimiert. Heute gilt der Mungo mit Ausnahme der Inseln, auf denen es Giftschlangen gibt (die den meisten westindischen Inseln fehlen) als Schädling. Übrigens wurde ein afrikanischer Mungo (*H. ichneumon*) in Dalmatien auf Mljet und lokal in Italien ausgesetzt.

Katze und Mungo sind warnende Beispiele dafür, daß auch mit biologischen Bekämpfungsmaßnahmen schwere und irreparable Umweltschäden angerichtet werden können. Vom Standpunkt des konservierenden Naturschutzes sind allein durch die Einbürgerung dieser beiden Tierarten in fremde Faunengebiete wesentlich größere Verluste zu beklagen, als durch den weltweiten Einsatz von Chemikalien zur Schädlingsbekämpfung, da bisher wohl noch keine Tierart durch den Einsatz von Bekämpfungsmitteln im gesamten Verbreitungsgebiet ausgerottet wurde.

Andere Einbürgerungen von Säugetieren sind günstiger zu beurteilen. Das gilt etwa für die Ansiedlung des Frettchens in Neuseeland oder die des Großen und des Kleinen Wiesels (*Mustela erminea* und *M. nivalis*) im gleichen Land und an anderer Stelle. Neuerdings wurde z. B. die Rattenpopulation auf den Riu-Kiu-Inseln durch ein japanisches

Wiesel merklich gesenkt, ohne daß es zu größeren Schäden an Wildvögeln und Hausgeflügel kam.

Schon PASTEUR hatte den Einsatz von Pathogenen zur Nagerbekämpfung vorgeschlagen. In Deutschland isolierte LÖFFLER 1893 erstmals *Salmonella typhi murium*, die sich als pathogen für Feld- und Hausmäuse erwies. Später wurde *S. enteritidis* var. *danysz* bevorzugt, weil diese auch gegen Ratten wirksam ist. Außerdem wurde *S. typhi murium* gelegentlich als Urheber von Lebensmittelvergiftungen oder Darmerkrankungen ermittelt. Bei Ratten wird meist kein vollständiger Zusammenbruch der Populationen erreicht. In der Regel sterben aber auch bei Mäusen nur die Tiere, die selbst Köderpräparate aufgenommen haben. Eine Kontaktübertragung erfolgt offenbar nur in ungewöhnlich dichten Mäusepopulationen. Daher wird in der Rattenbekämpfung die anschließende Anwendung von Rodentiziden gegen die restlichen Tiere empfohlen. In Deutschland wurden auf diese Weise 1933—1935 450000 Gehöfte mit sehr gutem Erfolg behandelt. Damit gehört die bakterielle Nagerbekämpfung zu den erfolgreichsten biologischen Bekämpfungsmaßnahmen in unserem Gebiet. Im Jahre 1936 wurde sie jedoch wegen möglicher gesundheitlicher Gefahren verboten. Maßgeblich dafür war eine gewisse, wenn auch nur schwache Pathogenität auch von *S. enteritidis* var. *danysz* für den Menschen und wohl auch die Sorge, daß die Kulturen mit pathogeneren Formen verunreinigt werden oder durch Mutation Stämme mit breiterer Pathogenität entstehen könnten. Ein anderer Nachteil ist es, daß die Nager relativ schnell gegen die Salmonellen resistent werden.

Im Institut Pasteur hergestellte Präparate wurden jahrzehntelang und bis vor wenigen Jahren in Frankreich, Belgien, Holland, Luxemburg und in der Schweiz angewendet. In der UdSSR, wo die bakterielle Bekämpfung von Langschwanz- und Wühlmäusen und evtl. auch von Zieseln nach wie vor aktuell ist, wird oft eine Fläche von 400000 oder 500000 ha/Jahr behandelt, 1976 wurde das Präparat Baktorodentizid sogar auf weit über 1 Mio ha ausgebracht. Man benutzt zu seiner Herstellung zwei verschiedene Stämme der var. *issatschenko*, mit der Getreidekörner oder ein Eiweißsubstrat infiziert werden. Trotz des großen Umfanges der Anwendung wurden keine darauf zurückzuführenden menschlichen Erkrankungen bekannt.

In den fünfziger Jahren erregte die biologische Bekämpfung des Wildkaninchens mit dem Myxomatose-Virus in Australien und Europa großes Aufsehen. Das Virus, das nur für Kaninchen und in geringerem Maße für Hasen, nicht aber für eigentliche Nagetiere pathogen ist, stammt aus Südamerika, wo es endemisch ist, ohne größere Verluste unter den dortigen Wildkaninchen zu verursachen. Nach unbefriedigend verlaufenden Versuchen auf europäischen Inseln erfolgte 1950 bis 1952 sein Großeinsatz in Australien. Anders als die genannten Bakterienkrankheiten der Nager breitet sich die Virose bei hoher Wirtsdichte mit durchschlagendem Erfolg aus, zumal sie von verschiedenen Stechmückenarten und den Kaninchenflöhen übertragen wird.

Heute hat Australien jedoch seine Kaninchenplage wieder, wenn auch zweifellos in erheblich geringerem Maße als vor der Einbürgerung der Viruskrankheit. Ein kleiner Prozentsatz der Kaninchen überlebte den ersten großen Seuchenzug und konnte wahrscheinlich seine Resistenz bzw. Toleranz auf die Nachkommen vererben. Das schließt nicht aus, daß die Krankheit immer wieder erneut aufflackert. Aber vielleicht ist die Tatsache, daß das Virus nicht mehr so aggressiv ist wie vor 20 Jahren, entscheidender als die Auslesevorgänge bei den Kaninchen. Seine geringere Pathogenität erklärt sich daraus, daß es verschiedene Stämme gegeben hat und die aggressivsten zuerst mit ihren Opfern ausstarben. Da schwächer wirkende Stämme langsamer zum Tode führten, mußten sie sich gegenüber den hochpathogenen durchsetzen, weil sie den Überträgern längere Zeit zur Aufnahme zur Verfügung standen. Im übrigen immunisieren schwächere Virusstämme die Tiere gegenüber solchen mit voller Aggressivität.

In Frankreich wurde das Virus in Privatinitiative auf einem umfriedeten Grundstück angewandt. Im Ergebnis kam es zu einer Ausbreitung der Seuche, die in Frankreich 90% aller Wildkaninchen vernichtete, bis Spanien, Italien und Osteuropa. Auch in Europa ist offenbar noch kein endgültiger Zustand erreicht, da Seuchenzüge und krankheitsfreie Perioden in einem bestimmten Gebiet abwechseln. Insgesamt muß die Myxomatosevirusanwendung in Europa als verfehlt angesehen werden, wenn auch insbesondere in französischen Forsten größere Schäden wenigstens zeitweise verhütet wurden. Das Kaninchen ist jedoch in Frankreich ein wichtiges Jagdtier und sein Ausfall führte zu empfindlichen Rückgängen in der Produktion fellverarbeitender Betriebe und die Jagdmunitionsfabriken verzeichneten Absatzschwierigkeiten. Von besonderer Bedeutung war auch, daß das Hauskaninchen in Europa im Gegensatz zu Australien eine erhebliche wirtschaftliche Bedeutung hat und in Ländern und Gebieten, in denen es überhaupt keine nennenswerten Wildkaninchenschäden gab, Verluste und Schutzmaßnahmen in Kauf genommen werden mußten. In der Einschätzung der Myxomatosevirusanwendung sollte auch berücksichtigt werden, daß die Tiere einen zweifellos qualvollen Tod sterben, so daß auch aus rein humanen Gründen diese Form der biologischen Bekämpfung mit mindestens der gleichen Berechtigung abzulehnen ist, wie etwa ein Insektizideinsatz, von dem eine gewisse Anzahl von Vögeln oder anderen Tieren mitbetroffen wird.

b) Biologische Bekämpfung anderer Wirbeltiere

Der Ausbau des Wellandkanals (1932) zwischen dem Ontario- und dem Erie-See gestattete einer Süßwasserform des Meerneunauges (*Petromyzon marinus*) das Eindringen in die ganze Kette der großen Seen Nordamerikas. Die Folge war ein geradezu katastrophaler Rückgang der Fischerträge. Nachdem viele Millionen Dollar für Forschungsprojekte zur Bekämpfung dieses parasitischen Wirbeltieres ausgegeben worden waren und sich weder

Elektrosperren noch chemische Bekämpfungsmittel bewährten, brachte die Einführung von Coho-Lachsen oder Kisutchen (*Oncorhynchus kisutch*) aus dem Nordpazifik zumindest einen Teilerfolg und die ausgesetzten Lachse lieferten erstmals 1967 gute Erträge.

c) Biologische Schnecken- und Trematodenbekämpfung

Die Afrikanische Riesenschnecke (*Achatina fulica* — Gehäuse bis zu 20 cm lang) und verwandte Arten breiten sich in tropischen Gebieten, besonders im pazifischen Raum, schnell aus. Verschiedentlich, z. B. auf den Hawaii-Inseln, hat man versucht, die gefräßigen Tiere durch Raubschnecken, z. T. auch mit Hilfe von Lauf- oder Leuchtkäfern (Carabidae bzw. Lampyridae) zu bekämpfen. In Kalifornien wurde die Massenzucht von *Ocypus olens* (Staphylinidae) zur Bekämpfung von *Helix aspersa* vorgeschlagen.

Auch gegen hygienisch wichtige Schnecken werden biologische Bekämpfungsmaßnahmen angewendet oder erprobt. So untersuchte man in Ägypten die Möglichkeit, *Bulimus truncatus*, den Zwischenwirt der Bilharziose-Erreger *Schistoma haematobium* und *Sch. mansoni* mit Hilfe einer aus Zentralamerika stammenden Tellerschnecke zu bekämpfen. Es handelt sich in diesem Fall um einen Pflanzenfresser bzw. Filtrierer, der aber im Versuch den Bilharziose-Zwischenwirt — offenbar mittels Sekreten — durch Hemmung der Ei- und Jugendentwicklung unterdrückt. In Puerto Rico wird *Biomphalaria glabrata*, ein weiterer Trematodenzwischenwirt, mit Hilfe der Gehäuseschnecke *Marisa cornuarietis* bekämpft.

Im Sudan hält man Lungenfische (*Protopterus* spp.) für geeignet, Schistosomen tragende Schnecken (*Bulimus*, *Planorbis*) zu dezimieren. Ferner kommen auch räuberische oder parasitische Fliegen (Sciomyzidae) für eine biologische Schneckenbekämpfung in Frage. Zwei Arten dieser Familie wurden bereits auf Hawaii zur Bekämpfung von Leberegelzwischenwirten eingeführt. Man hofft, daß sie außerdem als Ausweichwirte für in Reisschädlingen parasitierende Trichogrammen Bedeutung erlangen.

In Malaysia wurde die interessante Feststellung gemacht, daß Redien von Trematoden den Sporozysten regelrecht nachstellen und sogar schwimmende Zerkarien fangen können. Es wäre daher vielleicht möglich, hygienisch bedeutsame Arten, wie die redienlosen Bilharziose-Erreger, durch Förderung von harmlosen Arten, die auf die gleichen Zwischenwirte angewiesen sind, zu unterdrücken. In Brasilien und Ägypten wurden aus Schnekken, die als *Schistosoma*-Zwischenwirte bedeutungsvoll sind, Bakterien isoliert, die sich in Versuchen als potentiell zur Bekämpfung einsetzbar und vielversprechend erwiesen. Zur Bekämpfung von Entwicklungsstadien verschiedener Trematoden in den Zwischenwirten könnten auch Mikrosporidien in Frage kommen.

d) Biologische Nematodenbekämpfung

Von mehreren vorgeschlagenen biologischen Methoden zur Nematodenbekämpfung hat der Anbau von ausgesprochenen „Feindpflanzen" in der bei Massenvermehrungen einzuhaltenden Fruchtfolge eine gewisse Bedeutung erlangt. Es handelt sich dabei um Pflanzen, die die Nematoden ebenso wie deren Wirtspflanzen zum Schlüpfen aus Eiern oder Zysten veranlassen, ohne ihnen geeignete Ernährungsmöglichkeiten zu bieten. Auf diese Weise kommt es eher zu einer Entseuchung des Bodens, als wenn nur „Neutralpflanzen" angebaut werden. Kartoffelnematoden können beispielsweise durch den Anbau der als Feindpflanzen wirkenden resistenten Kartoffelsorten wesentlich in ihrem Bestand reduziert werden. Auf manche Nematoden, besonders Arten der Gattung *Pratylenchus*, wirkt *Tagetes* toxisch, so daß man den Anbau dieser Zierpflanze zur Bodenentseuchung empfohlen hat. In vitro erwiesen sich Wurzelextrakte von Sämlingen des Zedrachbaumes (s. S. 122) für verschiedene Nematodenarten als toxisch. Laub und Zedrach-Ölkuchen haben sich in Indien bereits bei der Bekämpfung von Nematoden bewährt. Von anderen Pflanzen, z. B. dem Spargel (*Asparagus officinalis*), ist eine nematizide Wirkung auf Arten der Gattung *Trichodorus* bekannt geworden, ohne daß sich daraus in die Praxis eingeführte Verfahren ergeben hätten. Ob die in vielen Lehrbüchern als Feindpflanzen des Rübenälchens (*Heterodera schachtii*) angegebenen Beispiele Mais, Roggen, Luzerne, Zichorie und Zwiebel wirklich diese Funktion ausüben, bedarf noch der genaueren Untersuchung.

Im Boden gibt es eine Reihe von Pilzgattungen, deren Vertreter sich von Nematoden ernähren. Bei manchen Arten bleiben diese an gewöhnlichen Hyphen hängen. Andere bilden verzweigte Ganggeflechte oder Fangschlingen aus, die sich teilweise sogar zusammenziehen, wenn ein Beutetier hindurch kriecht. Derartige Pilze lassen sich auf Nährböden züchten und auch durch bestimmte Düngemaßnahmen fördern. So war es naheliegend, daß auch die Nutzbarmachung dieser Pilze vorgeschlagen wurde. Die Zufuhr von Pilzsporenpulver zum Boden brachte vielfach nicht das gewünschte Ergebnis, doch scheint ein in der UdSSR auf der Grundlage einer *Arthrobotrys*-Art hergestelltes Präparat zur Bekämpfung von Nematoden im Gewächshaus (vor allem von *Meloidogyne*) und in Champignonkulturen geeignet zu sein. In England waren Freilandversuche recht erfolgreich, bei denen man ein von einem anderen Pilz gewonnenes Sporenpulver gegen Zystenälchen (*Heterodera* spp.) ausbrachte. Vielleicht ist es jedoch auf Ackerflächen gegenwärtig noch sinnvoller, die Aktivierung der im Boden vorhandenen räuberischen Pilze durch Zufuhr organischer Substanzen anzustreben.

Interessante Bekämpfungsversuche mit nematodenfangenen Pilzen wurden in der UdSSR auch an parasitischen Nematoden von Mensch und Haustieren durchgeführt. In Bergwerken gelang es, den Befall mit dem Grubenwurm (*Ancylostoma duodenale*) und auf Schafweiden das Auftreten von Darmälchen (*Strongyloides* spp.) zu vermindern.

Schließlich scheint die Hoffnung berechtigt, daß auch

Nematoden in nicht allzu ferner Zukunft bakteriell bekämpft werden können. Ein Organismus, der nacheinander als Mikrosporidie, Haplosporidie und Pilz angesehen, dann aber als Bakterie (*Bacillus penetrans*) erkannt wurde, ist für *Meloidogyne* spp. und *Pratylenchus* spp. hochpathogen und relativ leicht kultivierbar.

e) Das australische Mistkäfereinbürgerungsprojekt

Kürzlich wurde ein interessantes, aber schwer einzuordnendes biologisches Bekämpfungsprojekt aus Australien bekannt. Einerseits handelt es sich dabei um die Wiedergewinnung oder Verbesserung von Weideflächen, die durch nicht aufgearbeiteten Rindermist verlorengingen oder wertgemindert wurden. Je Rind gehen in Australien jährlich 800 m^2 Weidefläche dadurch verloren, daß die auf den relativ trockenen Mist der Beuteltiere eingestellten heimischen Mistkäfer die weichen Exkremente der Rinder nicht annehmen. Die „Bekämpfung" der Kuhfladen richtet sich andererseits zugleich gegen verschiedene blutsaugende Fliegen, namentlich die Büffelfliege (*Haematobia exigua*: Muscidae), die sich massenhaft darin entwickelt. Daher wurden zahlreiche, insbesondere afrikanische Mistkäfer auf ihre Eignung geprüft, wobei der Vermeidung möglicher unerwünschter Nebenwirkungen große Beachtung geschenkt wurde. Auf einer Fläche von etwa 50000 km^2 hat sich der afrikanische *Onthophagus gazella* bewährt. Im Gebiet von Townsville werden heute Kuhfladen schon in 2 bis 3 Tagen vergraben und die Populationsdichte der Büffelfliege wurde um 80 bis 100% gesenkt. Nebenergebnisse der Käferaktivität sind Bodenverbesserung und verminderter Wurmbefall der Rinder. Da *O. gazella* jedoch nicht in allen Gebieten erfolgreich angesiedelt werden konnte, wurde die Suche nach weiteren geeigneten Arten fortgeführt.

8. Biologische Unkrautbekämpfung

Die biologische Unkrautbekämpfung hat in der Vergangenheit bedeutsame Erfolge gehabt und birgt trotz der Entwicklung einer Palette von Herbiziden zweifellos auch in Zukunft große Möglichkeiten in sich. Ihr Einsatzgebiet liegt weniger im Ackerbau, bei dem Umbruch und sonstige Kulturmaßnahmen die Entwicklung natürlicher Pflanzengesellschaften ebenso wie die der Gegenspieler stark hemmen und Herbizidanwendungen leichter tragbar sind, als in der Wiesen- und Weidewirtschaft. Auch für die Bekämpfung von Wasserpflanzen ist biologischen Methoden große Bedeutung beizumessen.

Bei der Wasserpflanzenbekämpfung bewähren sich auch poly- oder pantophage Pflanzenfresser, während bei Landpflanzen mit mono- oder oligophagen Arten jeweils nur ganz bestimmte Unkräuter bekämpft werden können. Eine gewisse Zwischenstellung nimmt die Unkrautbekämpfung in Reisfeldern durch Kiefenfüße (*Triops* spp.) in Japan ein, die von der Wissenschaft erst neuerdings in Betracht gezogen, lokal aber schon praktiziert wird. Die an ephemere Gewässer angepaßten Krebse erscheinen bald nach dem Fluten der Felder und verhindern durch Fraß und Wühlen das Aufkommen von Sämlingen, ohne die (ausgepflanzten) Reispflanzen zu schädigen.

Eine Massenzucht und Aussetzung heimischer Phytophagen könnte allenfalls lokale Bedeutung erlangen. Auch Maßnahmen zur Förderung bereits vorhandener Arten versprechen keine lohnenden Ergebnisse. Dagegen kann die Einfuhr leistungsfähiger zusätzlicher Arten zu einem spürbaren Rückgang des bekämpften Unkrautes führen. Jeder entsprechende Import ist jedoch forschungsmäßig so vorzubereiten, daß importierte Tiere nicht zu Schädlingen an Kulturpflanzen werden oder andere unerwünschte Nebenwirkungen haben können. Damit sie ihre Wirksamkeit voll entfalten, sollte außerdem garantiert sein, daß sie ohne Parasiten ins Land kommen. Pflanzenkrankheiten haben bei der Bekämpfung von Unkräutern bisher nur eine geringe Rolle gespielt. In Italien bewährte sich der eingebürgerte Rostpilz *Uromycis rumicis* in der Sauerampferbekämpfung und *Puccinia chondrillina*, ein weiterer, aus Italien stammender Rostpilz, wurde mit Erfolg in Australien gegen den Knorpellattich (*Chondrilla juncea*) ausgebreitet. Eine Bakterienfäule fördert die Wirksamkeit von *Cactoblastis cactorum* (s. u.). Teilweise ist mangelnde Spezifität dafür maßgeblich, daß Pathogene so wenig in der biologischen Unkrautbekämpfung angewendet werden. Ein weiterer Grund von nicht zu unterschätzender Bedeutung ist die Tatsache, daß meist Entomologen damit betraut wurden.

Genau wie bei der Bekämpfung tierischer Schädlinge ist auch in der biologischen Unkrautbekämpfung die Erfolgsaussicht am größten, wenn es sich um eingeschleppte oder absichtlich ins Land geholte Arten handelt, die in der neuen Heimat nur von wenigen polyphagen Gegenspielern angegangen werden, während an heimischen Unkräutern im Durchschnitt sicher mehr als hundert fressende und saugende Insekten und Milben leben. Als Beispiel für eine faunenfremde Pflanze sei die Robinie genannt, mit der zwar eine Blattwespe aus ihrer nordamerikanischen Heimat gekommen ist und an der man gelegentlich auch unspezifische Fraßschäden anderer Insekten oder stärkeres Auftreten polyphager Schild- oder Blattläuse feststellt, an der jedoch sonst keine spezifischen Insekten leben. Man vergleiche damit die Unzahl von blattfressenden, minierenden, unter der Borke lebenden oder saugenden Insekten, die an heimischen Bäumen leben!

Wenn eine derartige Zahl von Gegenspielern nicht in der Lage ist, Unkräuter in Schach zu halten, kann man nicht erwarten, daß die Hinzufügung einer oder mehrerer anderer Arten einen spürbaren Effekt hat. Erfolge sind allenfalls dort zu erwarten, wo eine ökologische Nische unbesetzt blieb. Zum Beispiel könnte der Import eines Samenzerstörers zu einer entscheidenden Verminderung des

Aufwuchses führen, wenn es an der betreffenden Pflanze bisher keinen durch Tiere verursachten Samenausfall gab. Nach dem Aufspüren entsprechender Lücken wäre in den Randgebieten des Areals der betreffenden Pflanze, dessen Grenze durch einen wirkungsvollen Gegenspieler bestimmt sein könnte, oder in einem Einschleppungsgebiet, also für eine europäische Pflanze etwa in Nordamerika, nach einer passenden Art zu suchen. Es wäre auch möglich, entsprechende Glieder für den zoozönotischen Komplex an verwandten Pflanzen in anderen Florengebieten zu finden. Weit verbreitete und häufige Gegenspieler stehen mit ihrer Nährpflanze oft in einem alten Anpassungsverhältnis, das ein gewisses Gleichgewichtsverhältnis aufrechterhält; daher verspricht ein neuer Gegenspieler, sofern er nur den Übergang vollziehen kann, mehr.

Eine auffallenderweise frei gebliebene ökologische Nische wird in Mitteleuropa seit den sechziger Jahren zunehmend geschlossen: Es fehlte bisher an einem leistungsfähigen Weidegänger, der die Unterwasservegetation abweidet und damit die Rolle übernimmt, die auf dem Lande vorwiegend Huftieren, Hasenartigen und Nagern zugefallen ist. Der Import des Gras- oder Amurkarpfens (*Ctenopharyngodon idella*) hat zur Entkrautung vieler Teiche, Seen und Kanäle geführt (in der DDR bis 1972 auf etwa 10000 ha). Zum Teil wurde bei Nahrungsmangel sogar die auf dem Lande stockende Ufervegetation mit abgeweidet. In Europa ist der Einsatz des Amur- oder Graskarpfens das überzeugendste Beispiel für eine biologische Unkrautbekämpfung.

Im übrigen kommt jedoch erwartungsgemäß die Hauptbedeutung der Nachführung spezifischer Phytophagen für eingeschleppte oder fahrlässig ins Land geholte Unkräuter zu. Dabei ist es weder notwendig noch wegen der schweren Überschaubarkeit aller Wechselbeziehungen und Nebenwirkungen überhaupt erwünscht, den vollständigen Komplex der Gegenspieler zu importieren. Eine einzige oder einige wenige gut ausgewählte Arten können genausoviel leisten, vielleicht sogar noch mehr. Oft bringt nicht der auffällige Gegenspieler (der sich oft mit seinem Wirt „arrangiert hat“) Erfolg, sondern eine seltene Art, die möglicherweise deswegen selten ist, weil sie die Nährpflanze allzu stark schädigt. Die Unkrautbekämpfung bietet in dieser Hinsicht übrigens ein anschauliches Modell für die Verhältnisse in Parasiten/Episitenkomplexen schädlicher Insekten. Der Einfluß nachgeführter Phytophagen kann dadurch viel größer als in der Heimat werden, da sie im Einbürgerungsgebiet keine oder geringere Verluste durch Parasiten haben.

Der Zeitpunkt seines Angriffs kann von entscheidender Bedeutung für den Erfolg eines Gegenspielers sein. So erliegt ein befressenes Unkraut auf Weideflächen anfänglich leicht der Konkurrenz der Gräser, während es einen späteren Fraß übersteht. In Gebieten Kanadas, in denen etwa zwei Monate nach dem Fraß des Blutbärs (*Tyria jacobaea*) am Kreuzkraut (*Senecio jacobaea*) tödlicher Frost einsetzt, war der Bekämpfungserfolg fast vollständig, dagegen blieb er dort gering, wo ein viermonatiger Abstand vor Wintereinbruch die Erneuerung der zum Ersatz der Blätter verbrauchten Reserven gestattete.

Folgende Beispiele illustrieren die Möglichkeiten der biologischen Unkrautbekämpfung hinreichend:

Wie in zahlreiche andere Länder mit entsprechenden klimatischen Voraussetzungen, wurden auch nach Australien mehrere Opuntienarten („Prickly pear“) eingeführt. (Opuntien werden als Viehfutter, als Zäune, zur Zucht von Cochenille-Läusen und wegen ihrer Früchte angebaut.) Davon geriet vor allem eine Art, *Opuntia stricta*, außer Kontrolle. Schon 1903 wurde dagegen eine Schildlaus eingeführt, die sich aber erst später bei einem zweiten Versuch eingebürgerte und nur gegen eine minder wichtige Opuntie hinreichend wirksam wurde. Im Jahre 1925 waren bereits etwa 24 Millionen ha, d. h. eine doppelt so große Fläche wie die der DDR, opuntienverseucht, davon etwa die Hälfte in einem solchen Ausmaß, daß Mensch und Tier nicht mehr in die Dickichte eindringen konnten.

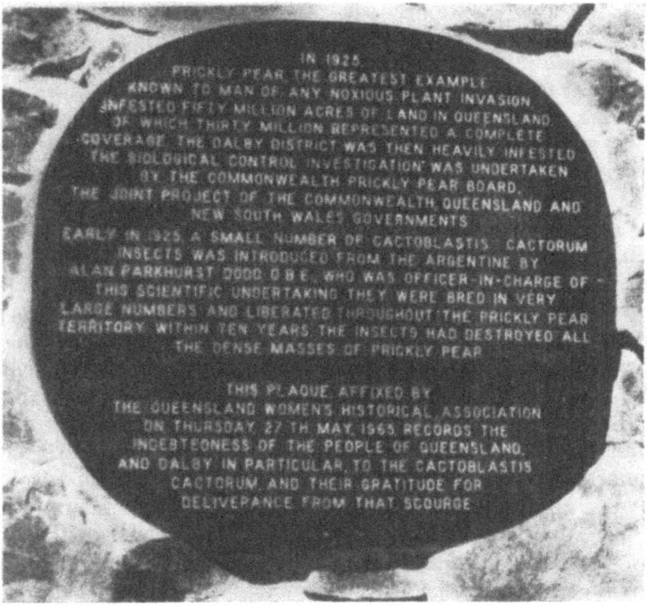

Abb. 18. **Zu den wenigen Denkmälern, die Insekten gewidmet wurden, gehört diese Plakette in Dalby (Queensland), die an die Befreiung des Landes von der Opuntien-Plage erinnert (Foto F. Rose, mit frdl. Genehmigung von Seven Seas Publishers)**

Ab 1920 wurden in einem großen Forschungsprojekt in Süd-, Mittel- und Nordamerika rund 50 an Opuntien lebende Tierarten näher untersucht. Zwölf davon wurden in Australien ausgesetzt. Der überragende Erfolg des Kleinschmetterlings *Cactoblastis cactorum* machte weitere Importbemühungen überflüssig. Von dieser Art wurden 1925 2750 Eier eingeführt. Ein weiterer Nachschub erwies sich nicht als erforderlich. Im Jahre 1927 lieferten die Zuchten bereits 9 Millionen Eier. Sie konnten dann eingestellt werden, weil es genug Individuen im Freiland gab. Ab 1930 fingen die Opuntien an, großflächig abzusterben.

Die unbrauchbar gewordenen Länder wurden kaktusfrei und Millionen Raupen verhungerten, ohne je eine andere Pflanze anzugreifen. Zur völligen Ausrottung der Opuntien hat *Cactoblastis* nicht geführt, aber zu einem nennenswerten Schadauftreten ist es nicht mehr gekommen. Es hat sich ein Gleichgewichtszustand eingestellt, der die Weiterexistenz beider Arten in geringer Populationsdichte gestattet.

In Sri Lanka, Indien und auf Sulawesi erwies sich die Cochenilleschildlaus (*Dactylopius tomentosus*) als nützlicher zur Zurückdrängung der Opuntien. In Südafrika entwertete *Opuntia aurantiaca* um 1933 400000 ha. Der Import von *Cactoblastis cactorum* brachte hier nur einen Teilerfolg. Das Opuntienproblem konnte jedoch durch die zusätzliche Einfuhr der genannten Schildlaus weitgehend gelöst werden, obwohl diese durch einen einheimischen und einen zur biologischen Schädlingsbekämpfung importierten Coccinelliden stark reduziert wurde. Auf den Hawaii-Inseln wollte man zunächst eine großflächige Vernichtung der Opuntien vermeiden, da sie mancherorts als Viehfutter geschätzt wurden. Da der Import mehrerer anderer Insekten nicht das gewünschte Ergebnis hatte, führte man schließlich auch hier *C. cactorum* und *D. tomentosus* ein, die sich als voll effektiv erwiesen.

Sehr umfangreich waren in verschiedenen Teilen der Erde auch die Bemühungen um die Bekämpfung des aus Mittelamerika stammenden Strauches *Lantana camara*, der in vielen Ländern als Zierpflanze eingeführt wurde, aber vielfach auf Grasland, in Kokosplantagen und auf Aufforstungsflächen außerordentlich lästig wurde. Die Suche KOEBELES in Mexiko und Mittelamerika nach Insekten, die für eine Ansiedlung auf den Hawaii-Inseln geeignet schienen, gehört zu den ältesten Bemühungen um eine biologische Unkrautbekämpfung. Die Ergebnisse waren jedoch nicht voll befriedigend, so daß die Bestrebungen, weitere Insekten gegen *Lantana* ins Land zu holen, bis heute angehalten haben. Entsprechende Bemühungen sind auch aus Italien, Australien und von den Fidschi-Inseln bekannt, In allen diesen Fällen wurden mehrere Gegenspieler importiert, ohne daß damit der gleiche Erfolg erzielt wurde, den an vielen Stellen *C. cactorum* allein für sich verbuchen konnte.

In den gemäßigten Klima-Gebieten der Erde spielt das in Europa heimische Johanniskraut (*Hypericum perforatum*) gegendweise eine große Rolle als Unkraut. Da seine Samen leicht verschleppt werden, breitet es sich schnell aus. Besondere Bedeutung hat es dadurch, daß es die Schleimhäute des Viehs stark reizt, die Nahrungsaufnahme beeinträchtigt und eine Sensibilisierung der unpigmentierten Haut gegen Sonnenstrahlen bewirkt. Der Import eines Blatt- und eines Prachtkäfers brachte in Australien nur Teilerfolge. In Kalifornien waren 1944 mehr als 800000 ha mit dieser Pflanze verkrautet. Zwei aus Australien eingeführte Blattkäfer europäischer Herkunft, unter denen *Chrysolina quadrigemina* dominierte, machten innerhalb eines Jahrzehntes das Johanniskraut zu einem bedeutungslosen Unkraut, das sich vorwiegend noch an Wegrändern findet und — obwohl eine ausgesprochene Lichtpflanze — an schattigen Stellen, die *C. quadrigemina* nicht zusagen. Insgesamt bedeckt es nur noch etwa 1% seiner ehemaligen Befallsfläche.

Die auch in anderen Staaten der USA erfolgreichen Käfer wurden in Kanada aus klimatischen Gründen zunächst nicht recht wirksam. An besonders trockenen Standorten bewährte sich hier der Spanner *Anaitis plagiata* besser. Wenigstens in Westkanada änderte sich die Lage jedoch 10 bis 15 Jahre nach Import von *C. quadrigemina*. Offenbar mußten (wie übrigens auch bei der Einbürgerung des Blutbärs) unter hohen Verlusten zunächst die für das Gebiet geeigneten Genotypen ausgelesen werden. *C. quadrigemina* wurde auch in Chile und Neuseeland eingeführt.

In Europa hat es vergleichsweise nur sehr geringe Bemühungen um eine biologische Unkrautbekämpfung gegeben, obwohl es auch hier eingeschleppte Unkräuter gibt, die dafür in Frage kommen dürften. In der UdSSR bemühte man sich, für das auch im westlichen Südeuropa bedeutsame Traubenkraut (*Ambrosia*, besonders *A. artemisiifolia*) Gegenspieler aus Nordamerika einzuführen. Es wurden dort über 300 Arten aus wenigstens 47 Familien und 7 Ordnungen ermittelt, von denen die meisten aber einen zu großen Wirtskreis besitzen; zunächst wurde die Eule *Tarachidia candefacta* eingebürgert.

Beispiele für die Bekämpfung von im betreffenden Gebiet heimischen Unkräutern fehlen nicht völlig: In verschiedenen Gebieten der UdSSR setzt man gegen die Sommerwurz (*Orobanche* spp.) vor allem auf Tabak- und Melonenfeldern die in Stengeln, Fruchtknoten und den sich entwickelnden Samen lebende Agromyzide *Phytomyza orobanchae* aus, wobei es sich teilweise wohl um eine transareale Ausbreitung, im übrigen aber nur um ein Anheben der Populationen handelt, die durch die Bodenbearbeitung Verluste erleiden. Für 1975 wurde die durch *Phytomyza* geschützte Fläche mit 138000 ha angegeben. Die Erfolge sind vor allem in Mittelasien gut, wo die Fliege 5 bis 6 Generationen/Jahr hervorbringt und relativ schwach parasitiert ist. Ein Nachteil der bisherigen Technologie ist es, daß man durch das Auslegen von im Freiland befallenen Pflanzen auch die Parasiten der Fliege ausbreitet. Für die Bekämpfung des diskontinuierlich verbreiteten *Acroptilon repens* gilt (ebenfalls in der UdSSR) ein Nematode als aussichtsreichster Kandidat.

Zu den Unkräutern, deren Schadauftreten katastrophale Ausmaße annehmen kann, gehören einige im entsprechenden Klimagebiet z. T. weltweit verbreitete Wasserpflanzen: Die aus Nordamerika stammende Wasserpest (*Elodea canadensis*), die Wasserhyazinthe (*Eichhornia crassipes*) aus dem Amazonengebiet, der mittel- und südamerikanische Schwimmfarn *Salvinia auriculata* und der Wasserlattich (*Pistia stratiotes*).

Die Pflanzen verkrauten Bewässerungskanäle, sie machen Schiffahrtswege unpassierbar und legen Wasserkraftwerke lahm. Die Verdunstung der Wasserflächen wird auf mehr als das Siebenfache gesteigert, und das Auftreten von Malariamücken und Bilharziosisschnecken kann begünstigt werden, so daß es zu einer Vermehrung der Krankheitsfälle kommt. Der Schwimmfarn bildet z. T. so feste Decken an der Wasseroberfläche, daß man sie überschreiten kann und Bäume und Sträucher darauf wachsen. Schon 2 Jahre nach der Fertigstellung des Kariba-Staudamms bedeckte der Farn 420 km^2 des entstehenden Sees. Der Volta-Stausee in Ghana war bald nach seiner Entstehung von kilometerlangen Teppichen des Wasserlattichs bedeckt. In Sri Lanka mußten fast 8000 ha Reisfelder wegen Wasserfarnauftretens aufgegeben werden. Rund 200000 ha Gewässer sind in Indien von der Wasserhyazinthe bedeckt. Teilweise versucht man, *Eichhornia* durch Nutzung zu bekämpfen, im übrigen werden in großem Umfang Herbizide dagegen angewandt.

Die Tatsache, daß die genannten Pflanzen in ihrem Heimatgebiet kaum eine größere Bedeutung haben, läßt annehmen, daß es wirksame Gegenspieler gibt, die sich für eine biologische Bekämpfung eignen. Entsprechende Versuche wurden bereits mit Insekten und Schnecken gemacht.

In Guayana haben sich Manatis (*Trichechus manatus*: Sirenia, Seekühe) früher zur Reinigung der Kanäle der z. T. unter dem Meeresspiegel liegenden küstennahen Zuckerrohrplantagen bewährt. Ihr Einsatz geriet jedoch vor Jahrzehnten in Vergessenheit und wurde erst in neuester Zeit wieder aufgegriffen, als man einige Tiere zunächst u. a. zur Freihaltung der Wasserreservoire von Georgetown verwendete. Das Ergebnis war so gut, daß man bald weitere Tiere zur Räumung von Kanälen einsetzte. Zwei Tiere reinigten z. B. in 2 Wochen einen 1500 m langen und 6 bis 7 m breiten Kanal von unerwünschtem Pflanzenwuchs. Der vorgeschlagene Import von Seekühen zur Lösung der kurz dargestellten Wasserpflanzenprobleme in anderen tropischen Ländern erscheint aussichtsreich. Vielleicht kommt dafür auch die afrikanische Art *Trichechus senegalensis* in Frage. Durch Fleischnutzung könnte der Einsatz von Seekühen zusätzlichen Vorteil bringen.

9. Integrierte Bekämpfungsprogramme

Bei der Bekämpfung eines Schädlings zu einem bestimmten Zeitpunkt ist die Entscheidung zwischem einem chemischen und einem biologischen Verfahren in der Regel eine klare Alternative. Bei einer Kette von Maßnahmen gegen eine Schädlingsart oder zum Schutz einer Kultur vor verschiedenen Schaderregern gilt es dagegen vielfach, chemische, eventuell auch physikalische, biologische und kulturale Methoden so zu kombinieren und aufeinander abzustimmen, daß ein optimaler Kompromiß zwischen minimalen Kosten und einer minimalen toxischen Belastung von Endprodukt und Umwelt einerseits, von Maximalertrag und bester Qualität andererseits gefunden wird. Hierfür haben sich die Begriffe integrierte oder harmonische Bekämpfung eingebürgert. Im amerikanischen Schrifttum spricht man heute vielfach auch von Pestmanagement. Die Gleichsetzung dieser Begriffe ist allerdings nur bedingt berechtigt, zumal beide etwas unterschiedlich gebraucht wurden und werden. Eine von der „International Orgenization for Biological Control" (IOBC) erarbeitete Definition kennzeichnet die integrierte Bekämpfung als „Verfahren, bei dem alle wirtschaftlich, ökologisch und toxikologisch vertretbaren Methoden verwendet werden, um Schadorganismen unter der wirtschaftlichen Schadensschwelle zu halten, wobei die bewußte Ausnützung natürlicher Begrenzungsfaktoren im Vordergrund steht".

Ein wichtiger Grundsatz der integrierten Bekämpfung ist also das Bestreben, möglichst viele positive biotische Faktoren in das Ökosystem einzubringen und die Umwelt so zu manipulieren, daß sie eine möglichst große Wirksamkeit entfalten können. Insektizide sind nur dann anzuwenden, wenn es unbedingt notwendig ist, also nicht routinemäßig auf Grund von Spritzplänen oder langfristig abgeschlossenen Verträgen mit Auftragnehmern. Noch 1975 überstieg die Fläche, auf der in der DDR Kartoffelkäfer bekämpft wurden, nach amtlichen Angaben die Fläche auf der (großenteils geringer) Befall festgestellt wurde, um etwa 170000 ha!

Für alle wichtigen Schädlinge und Kulturen werden Schadschwellen benötigt. In kapitalistischen Ländern orientiert man sich weitgehend an der wirtschaftlichen Schadschwelle, die dadurch definiert ist, daß die zu erwartenden Schäden die Bekämpfungskosten wertmäßig mindestens erreichen. In der sozialistischen Landwirtschaft ist diese Relation zwar nicht bedeutungslos, aber nicht allein für die Festlegung der Bekämpfungswürdigkeit maßgeblich, da die Erfüllung von Planauflagen oder andere volkswirtschaftliche Gesichtspunkte den Vorrang vor einer entsprechenden betriebswirtschaftlichen Kosten-Schadens-Bilanz haben können. In der Forstwirtschaft lassen sich wirtschaftliche Schadschwellen ohnehin kaum angeben, wenn es sich um Bestände handelt, die erst in Jahrzehnten hiebsreif werden. Wie auch immer man die Schwellenwerte definiert, entscheidend ist es, daß ihre Beachtung einerseits untragbar hohe Ernteverluste, andererseits unnötige Bekämpfungsmaßnahmen verhindern hilft.

Bekämpfungen sind u. a. dann abzusetzen, wenn Parasitierungsgrad, Gesundheitszustand oder auch die Anzahl räuberischer Insekten einen baldigen Zusammenbruch der Population garantieren. Zu einer entsprechenden Voraussage gehören jedoch spezielle Erfahrungen und Untersuchungen, wie sie im Forst vor der großflächigen Bekämpfung massenvermehrter Schädlinge schon lange üblich sind. Im übrigen ist zu beachten, daß entomophage Insekten und Raubmilben auch durch Herbizide und Fungizide geschädigt werden können.

Ist eine chemische Bekämpfung notwendig, sind folgende Forderungen zu stellen:

a) Möglichst weitgehende Einengung der Bekämpfungsfläche

Es sollte häufiger als es bisher üblich ist, geprüft werden, ob etwa eine Streifenbehandlung ausreicht oder in einer Obstanlage die Aussparung eines Teiles der Bäume möglich ist. Teilweise erwies sich in der Getreide- und Rapsschädlingsbekämpfung die Behandlung von Randstreifen als ausreichend. In manchen Fällen gestattet das spezifische Verhalten der zu bekämpfenden Schädlinge die Beschränkung der Insektizidapplikation auf sehr eng begrenzte Flächen. Musterbeispiel dafür ist die Aufhängung von insektizidbehandelten Papierstreifen zur Stubenfliegenbekämpfung. Lock- oder Köderstoffe haben bei Fruchtfliegen eine punktförmige Bekämpfung ermöglicht.

b) Wahl eines möglichst spezifischen Mittels

Eine weitgehende Spezifität besitzen systemische Mittel, die im wesentlichen nur saugende und minierende Insekten vernichten. Soweit Fraßgifte zur Verfügung stehen, sollten sie Kontaktgiften vorgezogen werden. Im übrigen ist das Angebot einigermaßen spezifischer Mittel jedoch noch unbefriedigend. Auf die dafür maßgeblichen Gründe wurde bereits auf S. 17 eingegangen. In beschränktem Maße wird die Forderung nach Spezifität u. U. schon durch Ersatz von Präparaten mit größerer Dauerwirkung durch kurzfristig wirkende erfüllt, d. h., die mangelnde Spezifität des Bekämpfungsmittels wird durch eine gewisse Spezifität des Anwendungsverfahrens ersetzt, für die es noch weitere Möglichkeiten gibt.

c) Beschränkung der Aufwandmenge, die nicht höher liegen sollte, als es zu einer ausreichenden Bekämpfung erforderlich ist

Überlebende Insekten sind nicht unbedingt Ausgangspunkt für eine neue Massenvermehrung. Sie können ebensogut die Reserve sein, die wenigstens einem kleinen Teil der Parasiten und Episiten ein Überleben gestattet. Es ist geradezu ein Grundprinzip der integrierten Bekämpfung, daß man nicht einen hundertprozentigen Bekämpfungserfolg anstrebt, sondern sich damit begnügt, die Schädlingspopulation unter die Schadschwelle hinabzudrücken.

d) Durchführung der Bekämpfung zum richtigen Zeitpunkt

Dabei ist nicht nur daran zu denken, daß eine rechtzeitige Bekämpfung geringere Aufwandmengen zu erfordern pflegt als eine verspätete, da jüngere Stadien meist empfindlicher sind als ältere, sondern auch daran, daß sich bestimmte Gegenspieler in vielen Fällen auch durch eine geeignete Terminwahl verschonen lassen. Zum Beispiel wäre die Bekämpfung des Kiefernknospentriebwicklers (*Rhyacionia buoliana*) auch während des sommerlichen Falterfluges oder im Spätsommer und Herbst möglich, wenn die Raupen in den Nadeln minieren. Die Verschiebung auf die Zeit des Überwanderns in die Triebe im Frühjahr (Ende März bis Ende April) bedeutet jedoch eine starke Einschränkung der Nebenwirkungen auf andere Kieferninsekten, da um diese Zeit nur wenige Arten aktiv sind. Bei einjährigen landwirtschaftlichen Kulturen ist unter Umständen eine Bekämpfung schon unterhalb der Schadschwelle auch dann angebracht, wenn es möglich ist, einen zugewanderten, erfahrungsgemäß zur Massenvermehrung ansetzenden Schädling zu bekämpfen, ehe die natürlichen Gegenspieler gefolgt sind.

Eine Integration chemischer und biologischer Verfahren bietet sich besonders im Intensivobstbau an, der heute z. T. noch mit Spritzplänen arbeitet, die mehr als 20 Insektizid-, Akarizid- und Fungizidspritzungen vorsehen, um z. T. überspitzte Forderungen der Verbraucher zu erfüllen. Die hohe Zahl der Insektizidbehandlungen ist die Quittung dafür, daß die (für eine rentable Produktion von Qualitätsobst zweifellos nicht ausreichenden) Abwehrkräfte der in weniger gut gepflegten Obstbeständen noch vorhandenen Lebensgemeinschaft vernichtet wurden. Mit dem Ersatz einer bestimmten Spritzung durch Anwendung von Parasiten, sterilisierten Insekten oder Krankheitserregern ist noch nicht viel gewonnen. Gelingt es, auf mehrere Bekämpfungen zu verzichten und zugleich eine biologische Optimierung der chemischen Bekämpfung entsprechend der genannten Forderungen durchzusetzen, kann sich dagegen schon eine vielseitigere Assoziation von Gegenspielern entwickeln. Natürlich wird man auch nicht auf die Auswahl möglichst widerstandsfähiger Sorten verzichten.

Ein gutes Beispiel für die Integration agrikulturaler, chemischer und biologischer Methoden in der Feldwirtschaft bietet die Bekämpfung der Gefleckten Luzerneblattlaus (*Therioaphis trifolii*) in Kalifornien. Abgesehen von der Anwendung systemischer Insektizide (die später weitgehend überflüssig wurde), wurden aus der altweltlichen Heimat der Blattlaus nachgeführte Parasiten eingebürgert, die sich als sehr wirksam erwiesen. Ihre Massenaktivität wird durch das „strip-cutting" begünstigt, bei dem die Luzerne in schmalen Streifen zu verschiedenen Zeiten geerntet wird, so daß die Schlupfwespen, die die Ernte überleben, nach kurzem Suchflug neue Wirte finden, die ihnen bei gleichzeitigem Schnitt der ganzen Fläche nicht mehr zur Verfügung ständen (Tab. 7).

Zu einer wesentlichen Erhöhung der potentiellen Gegenspieler kam es bereits dann, wenn bei der Mahd im Abstand von 30 bis 50 m ein etwa 3 m breiter Streifen stehengelassen wurde.

Heute ist dieses spezielle Blattlausproblem weitgehend durch den Anbau resistenter Luzernesorten gelöst. Schaden bzw. Bekämpfungskosten sanken von 15 Mio auf 200000 $ im Jahr.

Auch für Hygieneschädlinge sind integrierte Bekämpfungsmethoden vorgeschlagen worden. Zum Beispiel kombinierte man in Versuchen zur Bekämpfung von Fliegenlarven im Mist von Geflügelfarmen Raubmilben,

Bacillus thuringiensis und ein Insektizid (Diazinon), *B. t.* schädigt die Milben überhaupt nicht, Diazinon nur wenig. Ferner wurde eine Ergänzung des Verfahrens durch Anwendung von flüssigen Köderpräparaten gegen die Imagines vorgeschlagen.

Tabelle 7

Wichtige natürliche Feinde der Luzerneblattlaus *Therioaphis trifolii* im Vergleich zwischen normaler Bewirtschaftung und Strip-cutting in Kalifornien. Durchschnittswerte auf 1 acre berechnet. (Nach SCHLINGER und DIETRICK 1960)

Natürliche Feinde	Normale Bewirtschaftung	Strip-cutting	Zunahme
Marienkäfer	46000	205000	159000
Marienkäferlarven	11000	232000	221000
Florfliegenlarven	195000	206000	11000
Räuberische Wanzen	199000	401000	202000
Spinnen	105000	1094000	989000
Parasitische Wespen	70000	287000	217000
Summe	626000	2425000	1799000
Nat. F./Quadratfuß	14	56	42

Sehr beeindruckend ist die Kombination biologischer Verfahren zur Bekämpfung der Kiefernbestandes-Gespinstblattwespe (*Acantholyda nemoralis*) in polnischen Wäldern. Auf engem Raum hat man hier in Ausgangsherden früherer Gradationen folgende Maßnahmen im Sinne der biologischen Bekämpfung sehr stark konzentriert angewendet (Abb. 19):

Anlage von Remisen mit Laubhölzern (Ausweichwirte und Nahrung für Parasiten und Raubinsekten)

Ameisenhege

Aufhängung von Nistkästen

Vogelfütterung in den Herbst- und Wintermonaten

Anlage von Vogeltränken und -bädern

Anlage von Futterstellen für Schlupfwespen

Einbringung von insektenpathogenen Nematoden in den Boden

Anlockung von Wildschweinen

Abb. 19. Komplexe Anwendung biologischer Vorbeugungs- und Bekämpfungsmaßnahmen in einem polnischen Dauerschadgebiet. Ameisenkolonie mit Schutzhaube, dahinter Remise mit eingestreuten Laubhölzern. Über der Spitze der Schutzhaube eine Futterstelle für Schlupfwespen, im Hintergrund 4 Nistkästen

Da der Zielschädling nur in größeren Zeitabständen zur Massenvermehrung ansetzt, ist eine Erfolgsbeurteilung dieser komplexen Maßnahmen sicher noch verfrüht.

Wenigstens in Europa besteht ein Mißverhältnis zwischen der seit Jahren erfolgten Propagierung integrierter Bekämpfungsmaßnahmen und dem Umfang ihrer Einführung in die Praxis. Wesentliche Fortschritte wurden jedoch in der Überwachung einer Reihe von Schädlingen gemacht, die dem Streben nach Senkung und Optimierung des Pestizideinsatzes entgegenkommt.

In *Bacillus thuringiensis*-Präparaten steht ein schon häufig genutzter Baustein für integrierte Bekämpfungssysteme zur Verfügung. Besonders eng ist die Verbindung von biologischer und chemischer Bekämpfung bei der Ausnutzung des Synergismus von Pathogenen und schwachen Insektiziddosen, mit dem man sich besonders in der UdSSR beschäftigt hat.

Sehr eng verzahnen sich chemische und biologische Methoden auch beim Einsatz von sterilisierten ♂♂ nach vorhergehender Dezimierung der Population mit Hilfe von Insektiziden. Bei bestimmten Schädlingen, namentlich den wirtswechselnden Blattläusen, wäre die integrierte Bekämpfung, die sich gegen die tatsächlichen und potentiellen Schädlinge des Ökosystems eines Kulturpflanzenbestandes richtet, zur „multilateralen Kontrolle" (Starý 1970) weiterzuentwickeln. Darunter ist zu verstehen, daß die Bemühungen, einen bestimmten Schädling zu bekämpfen, über das Ökosystem, in dem er Schaden anrichtet, hinausgreifen.

Die integrierte Bekämpfung stellt höhere Anforderungen an die Qualifikation der mit Pflanzenschutzmaßnahmen betrauten Kräfte, nicht zuletzt auch die der für die Bestandesüberwachung verantwortlichen Pflanzenschutzagronomen. Es reicht nicht mehr aus, den Schädling richtig zu bestimmen, das zu erwartende Schadausmaß abzuschätzen und ein empfohlenes Mittel nach Vorschrift anzuwenden. Wer integrierte Bekämpfung betreiben will, muß die Gesamtsituation, d. h. die wichtigen Schädlinge und Krankheiten, die Rolle der Nützlinge und die möglichen Nebenwirkungen einzuleitender Maßnahmen überschauen können. Für die Überwachung von Schaderregern verantwortliche Institutionen, namentlich die Pflanzenschutzämter, dürfen nicht nur zu Bekämpfungsmaßnahmen auffordern, sondern sie müssen auch die Verpflichtung sehen, von unnötigen Bekämpfungen abzuraten, selbst wenn sie damit ein gewisses Risiko auf sich nehmen, das die Praxis häufig scheut.

Übrigens wurde dort, wo man sich intensiv der integrierten Bekämpfung zugewandt hat, mehrfach die Erfahrung gemacht, daß anfänglich höhere Kosten bald unter das Niveau einer rein chemischen Bekämpfung absanken, was teilweise mit der wachsenden Qualifikation der Verantwortlichen, teilweise mit einer Regeneration der Agrobiozönose zu erklären sein mag.

Selbst dort, wo das Überangebot an Nahrung bestimmte Schädlinge so einseitig begünstigt, daß biotische Regulationsfaktoren überhaupt keine Rolle mehr spielen, und damit eine wesentliche Voraussetzung der Konzeption der integrierten Bekämpfung (Poljakow 1972) nicht erfüllt ist, kann eine komplexe Bekämpfung, die kulturale Maßnahmen, Resistenzzüchtung und biologische Verfahren (wie z. B. die Anwendung von Pathogenen) einschließt, als Alternative zu einer rein chemischen Bekämpfung in Frage kommen.

10. Ausblick

Die Übersicht über die biologische Bekämpfung und solche Methoden, die mit gleicher Zielstellung die Nachteile bisher üblicher chemischer Bekämpfungsmaßnahmen zu vermeiden oder zu verringern gestatten, hat gezeigt, daß es eine große Fülle von denkbaren, im Versuch bestätigten oder schon in der Praxis eingeführten Verfahren gibt. Trotz vielseitiger Möglichkeiten hat die praktische Anwendung biologischer, partiell biologischer oder biotechnischer Verfahren in vielen Ländern nur einen geringen Umfang. Das gilt nicht zuletzt für die Deutsche Demokratische Republik.

Bei der Suche nach den Ursachen für diesen Widerspruch kann nicht ohne weiteres von einem Vergleich mit solchen Ländern ausgegangen werden, aus denen die besten oder umfangreichsten Erfahrungen mit biologischen Verfahren usw. vorliegen, weil geographische, ökologische oder klimatische Gegebenheiten sehr unterschiedliche Bedingungen für ihre Einführung bieten. Eine wesentliche Voraussetzung für die Entwicklung biologischer Verfahren ist die internationale Zusammenarbeit und teilweise auch die Möglichkeit, Schädlingsprobleme in weit entfernten Gebieten studieren zu können. Tierische Gegenspieler und Pathogene kann man kaum in den Nachbarländern gewinnen. Ähnlich wie Europa wichtiges Ursprungsgebiet zahlreicher parasitischer Insekten und einiger Pathogene ist, die erfolgreich in Nordamerika eingesetzt wurden, käme der nordamerikanische Kontinent — wenn auch nicht in gleichem Maße — bevorzugt als Gebiet in Frage, in dem nach Gegenspielern für europäische und besonders für aus Nordamerika eingeschleppte Schädlinge zu suchen wäre. Möglicherweise gibt es jedoch auch in der UdSSR, besonders in Sibirien, und im Fernen Osten, z. B. in Japan, eine größere Zahl geeigneter Arten.

Internationale Zusammenarbeit ist natürlich auch notwendig, um die oft hohen Kosten der Grundlagenforschung zu senken und Doppelarbeit zu vermeiden. Die zunehmende Integration der Forschung der sozialistischen Länder im Rahmen des RGW-Komplexprogrammes hat auch für die Einführung und Weiterentwicklung biologischer Verfahren neue Perspektiven eröffnet. Auch der Übergang zu industriemäßigen Produktionsmethoden begünstigt diese Entwicklung. So wuchs in der UdSSR die Fläche, auf der biologische Bekämpfungsmaßnahmen durchgeführt wurden, sehr rasch an. Sie betrug:

1965 400000 ha = 0,5% der Gesamtbekämpfungsfläche

1970 4000000 ha = 3,6% der Gesamtbekämpfungsfläche
1975 10000000 ha = 7,4% der Gesamtbekämpfungsfläche
1976 11300000 ha

Im gleichen Zeitraum wurden zahlreiche neue Biolaboratorien und in Kischinjow ein großes Allunionsinstitut für biologische Schädlingsbekämpfung gegründet.

Biologische Methoden kann man relativ selten so einfach übernehmen, wie es bei Verfahren des chemischen Pflanzenschutzes der Fall zu sein pflegt. In der Regel gehört dazu eine Institution, die zunächst unter den Gegebenheiten des eigenen Landes Versuche durchführt und die Ergebnisse nicht nur propagiert, sondern auch die Voraussetzungen für die Einführung in die Praxis schafft. Das zahlenmäßige Mißverhältnis zwischen den nach erfolgreichen Versuchen vorgeschlagenen und wirklich praktizierten Verfahren ist einerseits das Ergebnis der Vernachlässigung dieser Aufgabe, andererseits ein Zeichen dafür, daß auch sie risikoreich ist.

Sehr schwer ist die Frage nach der Ökonomie biologischer Bekämpfungs- und Prophylaxeverfahren zu beantworten. Hier können dazu nur einige Angaben gemacht werden, die wenigstens eine größenordnungsmäßige Orientierung ermöglichen. Zum Teil werden so erstaunlich niedrige Kosten für einzelne Verfahren genannt, daß daraus hervorgeht, daß die Berechnungsverfahren nicht vergleichbar sind. Die Angaben für Gestehungskosten von massengezüchteten Entomophagen müssen natürlich sehr unterschiedlich sein, wenn einerseits nur Arbeitslöhne und Futterkosten berechnet werden, andererseits aber die Kosten für die Errichtung der Anlage und die Gemeinkosten der Institution in die Berechnungen einfließen.

Unterschiede in den Arbeitslöhnen können ein Verfahren, das in einem Lande ökonomisch überlegen oder jedenfalls noch konkurrenzfähig ist, in einem anderen kostenmäßig untragbar werden lassen. Bei ökonomischen Erwägungen ist auch zu berücksichtigen, daß die Kosten für die Erarbeitung und Einführung biologischer Verfahren vielfach (namentlich bei Importen von Gegenspielern) vom Anwender und Nutzer auf den Staatshaushalt verlagert werden. Auch die Entwicklung mikrobiologischer Präparate wurde wohl überwiegend von staatlichen Institutionen finanziert, während die erheblichen Kosten für die Entwicklung neuer chemischer Präparate von der Industrie getragen werden.

Sehr populäre Methoden, wie die Ameisenvermehrung und die Vogelhege mußten für unsere Wirtschaftswälder bereits als unökonomisch bezeichnet werden (S. 49 und 78). Da chemische Bekämpfungen von Schädlingen, die durch diese nützlichen Glieder der Waldbiozönose wirksam dezimiert werden könnten, in der DDR jährlich auf weit weniger als 1% der Waldfläche durchgeführt werden, würde eine bestimmte Fläche noch nicht einmal alle hundert Jahre zur Bekämpfung anstehen, die gegenwärtig unter Umständen nicht mehr als 25 M/ha kostet. Bei alleiniger Zugrundelegung ökonomischer Gesichtspunkte dürften also großflächige Prophylaxemaßnahmen bis 0,25 oder auch 0,50 M/Jahr u. ha kosten, während für eine biologische Bekämpfungsmaßnahme die für eine Begiftung zu erwartenden Kosten die Vergleichsbasis bilden. Natürlich weiß jeder Forstmann, daß es Dauerschadgebiete und besonders gefährdete Bestände gibt, aber auch hier dürften biologische Verfahren nicht ganz konkurrenzfähig sein. Im Interesse der Erhaltung des ohnehin abgeschwächten Regulationsvermögens des Ökosystems und der Verminderung der chemischen Belastung der Umwelt sollten geringe Mehrkosten jedoch kein grundsätzliches Hindernis für ihre Anwendung sein.

Ganz anders liegen die Verhältnisse in landwirtschaftlichen und gärtnerischen Kulturen, deren Schutz alljährlich Bekämpfungsmaßnahmen erfordert, und bei denen der Nutzen im gleichen Jahr realisiert werden kann. In der Regel wird der Einsatz von Pathogenen oder die Überschwemmung der zu schützenden Kulturen mit gezüchteten Gegenspielern teurer sein als manche Insektizidbehandlung. Das gilt aber sicher nicht ohne Ausnahme und häufig werden anfänglich teurere biologische Maßnahmen durch die Nachhaltigkeit ihrer Wirkung oder Verschonung von Entomophagen im Endeffekt doch billiger. Überraschend niedrig liegen die für Anzucht und Anwendung von Trichogrammen in der UdSSR genannten Kosten und in England wurde die Erwartung ausgesprochen, daß es möglich sein würde, Gurkenspinnmilbe, Weiße Fliege und evtl. weitere Begleitschädlinge im Gewächshaus mit Hilfe von Prädatoren und Parasiten für die Hälfte der für chemische Bekämpfungen anfallenden Kosten unterhalb der wirtschaftlichen Schadschwelle zu halten.

Es hätte eine gewisse Berechtigung, würde man den erfolgreichen Verfahren die bei Forschung und Entwicklung anfallenden Kosten solcher Verfahren anlasten, die nicht praxiswirksam wurden. Daß biologische Verfahren auch in diesem Falle günstig abschneiden können, zeigt die Angabe, daß das Commonwealth-Institute of Biological Control in 35 Jahren insgesamt etwa 1 Mio Pfund Sterling gekostet hat, daß dieser Summe jedoch ein Nutzen von jährlich 500000 Pfund allein für die 6 erfolgreichsten Projekte gegenübersteht.

Abschließend sei eine Prognose hinsichtlich der Anwendung von Maßnahmen der biologischen Bekämpfung und verwandter Verfahren versucht:

Das Ausmaß der Anwendung derartiger Alternativen zur chemischen Bekämpfung wird in verschiedenen Gebieten der Erde sehr unterschiedlich bleiben, insgesamt aber teils wegen offensichtlicher Vorteile im Produktionsprozeß, teils auf Grund der von immer weiteren Kreisen getragenen Forderung nach Reinhaltung der Umwelt zunehmen. Auf lange Sicht werden jedoch chemische Bekämpfungsmaßnahmen klar gegenüber biologischen dominieren.

Die Ansiedlung von Wirbeltieren aus anderen Ländern wird nur eine geringe Rolle spielen und am ehesten wohl zur Bekämpfung von Wasserpflanzen in Frage kommen. Die Einbürgerung entomophager Insekten könnte an Bedeutung verlieren, da die auf diese Weise am leichtesten zu lösenden Schädlingsprobleme schon in der Vergangenheit zum Import von Gegenspielern geführt haben. Die Überschwemmungsmethode mit massenhaft gezüchteten Parasiten und Prädatoren dürfte in bestimmten, besonders in wärmeren Gebieten und gegen Gewächshausschädlinge eine Ausweitung erfahren. Allzu oft haben biologische Verfahren deswegen keinen Eingang in die Praxis gefunden, weil die Forschungsinstitute, die die Anwendung biologischer Verfahren erprobten und propagierten, von Struktur und Aufgabenstellung her nicht in der Lage waren, die Produktion der benötigten Gegenspieler zu übernehmen oder sich nicht für die praktische Anwendung der gewonnenen Erkenntnisse verantwortlich fühlten.

Eine große Zukunft haben zweifellos die Insektenpathogene, besonders Bakterienpräparate. Ihre Nutzung würde in vielen Ländern sprunghaft ansteigen, wenn sie ständig auch in Kleinpackungen im Angebot wären. Der Einsatz von Pilzen wird auf wenige Schädlinge beschränkt bleiben. In größerem Umfang werden Virosen Anwendung finden, wenngleich wohl nicht im gleichen Maße wie Bakterienpräparate. Die an sich erwünschte größere Spezifität wird der industriellen Herstellung ebenso entgegenstehen wie der Produktion selektiver chemischer Bekämpfungsmittel. So nützlich sie beim Zusammenbruch von Insektenpopulationen auch sein können, scheinen Mikrosporidien in der biologischen Bekämpfung keine bedeutende Chance zu haben.

Die Sterilisationsmethode wird helfen, einige wichtige Schädlingsprobleme nicht zuletzt durch gebietsweise oder auch völlige Ausrottung zu lösen, jedoch keine sehr große Anwendungsbreite erhalten. Sicher werden sich nicht alle Hoffnungen erfüllen, die man in Anbetracht der Flut einschlägiger Veröffentlichungen aus den letzten Jahren an die Lockstoffe knüpfen könnte. Es ist jedoch anzunehmen, daß die große Aktivität auf dem Gebiet der Lockstofforschung zu einigen praxisreifen Verfahren führen wird, und schließlich kann man auch den Bemühungen um einen Eingriff in das hormonelle System der Insekten einen Erfolg im Hinblick auf die Bekämpfung bestimmter Schädlinge voraussagen.

Die biologische Unkrautbekämpfung kann keinen Ersatz für die Herbizidanwendung bieten, wo es sich um Assoziationen verschiedener Arten handelt. Trotzdem kann angenommen werden, daß es auch in Europa einige Unkrautarten gibt, für die in anderen Ländern wirksame Gegenspieler gefunden werden könnten. In überseeischen Ländern, die stärker unter eingschleppten Arten zu leiden haben, wird die Zahl der Erfolgsmeldungen auf diesem Gebiet weiter ansteigen.

Die verstärkte Anwendung industriemäßiger Methoden in Land- und Forstwirtschaft begünstigt die technologisch einfachere, jahrelang bewährte und weniger differenzierte großflächige Ausbringung chemischer Mittel gegenüber spezifischeren biologischen Verfahren, die zum Teil eine höhere Qualifikation der Anwender verlangen. So lange es keine ökonomischen Stimulantien gibt, die die Zuwendung zur biologischen Bekämpfung fördern, wird sich diese daher nicht im wünschenswerten Maße durchsetzen können, zumal die Mehrzahl der Verfahren nicht oder nicht hinreichend billiger ist.

Es ist allerdings zu hoffen, daß die Einsicht wächst, daß auch die Landwirtschaft gewisse Mehraufwendungen zur Verminderung der Umweltbelastung durch Chemikalien leisten muß, wie es für andere Wirtschaftszweige bei der Reinhaltung von Wasser und Luft längst selbstverständlich ist.

Einen Schwerpunkt der Bemühungen um eine integrierte Bekämpfung muß in Anbetracht des gegenwärtigen Umfangs der Pestizidanwendung der Intensivobstbau bilden. Auch im Gemüsebau sollte es möglich sein, chemische Maßnahmen einzuschränken, und sie erforderlichenfalls durch biologische zu ersetzen. Das gilt nicht zuletzt für den Gemüsebau unter Glas. Im Forstschutz gibt es eine gute Tradition hinsichtlich der Berücksichtigung der natürlichen Gegenspieler bei Bekämpfungsmaßnahmen, andererseits Hemmnisse bei der Entwicklung spezifischer Verfahren, die in dem geringen Umfang der Bekämpfungsfläche und dem in der Regel mehrjährigen Abstand der Massenvermehrungen wichtiger Schädlinge begründet sind. Ein flächenmäßig wenig bedeutendes, aber nicht unwichtiges Einsatzgebiet könnten gewisse biologische Verfahren (z. B. die Anwendung von Bakterien- oder Viruspräparaten) auch in Kleingärten finden, wo es wohl besonders häufig zur Überdosierung oder in anderer Weise falschen Anwendung von Pestiziden kommt.

Ziel dieser gedrängten Übersicht war es, allen in irgend einer Form für die Bekämpfung von Schädlingen Verantwortlichen und den an der Erhaltung einer vielseitigen belebten Umwelt Interessierten durch Darstellung der Methoden und des erreichten Standes die Grundlage für eine realere Einschätzung der Möglichkeiten und Grenzen biologischer Verfahren zu vermitteln.

11. Literatur

ALTENKIRCH, W.: Vogelschutz und Eichenwickler (*Tortrix viridana* L.) Angew. Ornithol. **1**, 149–157 (1963).

AUTORENKOLLEKTIV: Biologische Pflanzenschutzmittel, Berlin 1976.

BENHAM, G. S. jr.: A synopsis of the obligate and facultative insect parasitic nematodes. J. Invertebrate Path. **24**, 263 bis 270 (1974).

BERNDT, K. P., u. U. GROTH: Autozidverfahren in der Schädlingsbekämpfung. I und II, Biol. Rdsch. **9**, 201–214 und 317–333 (1971).

BERNDT, K. P., u. J. NITSCHMANN: Autozidverfahren in der Schädlingbekämpfung. III, Biol. Rdsch. **9**, 383–401 (1971).

BEROZA, M., C. S. HOOD, D. TREFREY, D. E. LEONHARD, E. F. KNIPLING, W. KLASSEN u. L. J. STEVENS: Large field trial with microencapsulated sex pheromone to prevent mating of the gipsy moth. J. Econ. Ent. **67**, 659–664 (1974).

BOŘKOVEC, A. B.: Insect chemosterilants. New York 1966.

BÖSENBERG, K. Zur Nestlingsnahrung einiger Höhlenbrüter im Kiefernwald im Hinblick auf die Frage der selektiven Nahrungswahl. Probleme der angewandten Ornithologie (Tagungsberichte der DAL), 52–61 (1960).

COPPEL, H. G., u. J. W. MERTINS: Biological pest suppression. Berlin, Heidelberg, New York 1974.

DE BACH ,P. (Hg.): Biological control of insect pests and weeds. New York, London, Toronto 1964, in russischer Sprache Moskau 1968.

—: Biological control by natural enemies. Cambridge, London, New York, Melbourne 1974.

DELUCCHI, V.: Die konventionelle biologische Bekämpfung — ein Stiefkind des Pflanzenschutzes. Z. angew. Ent. **77**, 367–377 (1975).

EBERT, W.: Zur Frage des Einflusses von Vogelschutzmaßnahmen auf das Gradationsverhalten des Kiefenspanners. Archiv f. Forstw. **18**, 1027–1031 (1969).

El Ibrashi, M. T.: Insect hormones and analogues: chemistry, biology and insecticidal potencies. Z. angew. Ent. **66**, 113 bis 144 (1970).

Franz, J. M.: Biologische Schädlingsbekämpfung. In: Sorauer, Handbuch der Pflanzenkrankheiten. Bd. 6, Lief. 3. Berlin u. Hamburg 1961.

Franz, J. M., u. A. Krieg: Biologische Schädlingsbekämpfung. Berlin u. Hamburg 1972, 2. Aufl. 1976.

Fritzsche, R., H. Geiler u. S. Sedlag: Angewandte Entomologie. Jena 1968.

Georghiou, G. P., u. C. E. Taylor: Pesticide resistance as an evolutionary phenomen. Proc. XV. Intern. Congr. Entomology, Washington 1976, 759–785 (1977).

Cureva, E. L., u. O. L. Kryshanovskii (Hg.): XIII. Intern. Congr. Entomology, Moscow 1968, Proc. Bd. 2, Leningrad 1971.

Harris, P.: The selection of effective agents for the biological control of weeds. Canad. Ent. **105**, 1495–1503 (1973).

Herberg, M.: Drei Jahrzehnte Vogelhege zur Niederhaltung waldschädlicher Insekten durch die Ansiedlung von Höhlenbrütern. Archiv f. Forstw. **9**, 1015–1048 (1960).

Hey, A.: Grundlagen und Probleme des integrierten Pflanzenschutzes. Archiv f. Pflanzenschutz **6**, 169–183 (1970).

Huffacker, C. B. (Hg.): Biological control. New York u. London 1971.

Hurpin, B., u. P. H. Robert: Comparison of the activity of certain pathogens of the cockchafer *Melolontha melolontha* in plots of natural meadowland. Journ. Invertebrate Path. **19**, 291–298 (1972).

Kandybin, H. V.: Mikrobiologiceskij Metod Borby s Gryzunami. Moskva 1974.

Koehler, W.: O zalozeniach kompleksowo-ogniskowej metody biologicznej ochrony lasu (Über die Grundsätze der biologischen komplexen Herdmethode des Forstschutzes). Sylwan (7) 43–51 (1968).

Krieg, A.: Grundlagen der Insektenpathologie. Viren, Rickettsien- und Bakterieninfektionen. Darmstadt 1961.

—: Arthropodenviren. Stuttgart 1973.

Laan, P. A. van der u. H. J. M. Wassink: On the capacity of *Bacillus thuringiensis* to spread in insect populations. J. Plant Path. **75**, 105–108 (1969).

La Breque, G. C., u. C. N. Smith: Principles of insect chemosterilization. Amsterdam u. New York 1968.

Laven, H.: Genetische Schädlingsbekämpfung. Produktion von Semisterilität bei der Stechmücke *Culex pipiens* und Aussichten für die Bekämpfung mit diesem System. Anz. f. Schädlingskunde u. Pflanzenschutz **42**, 17–19 (1969).

—: Möglichkeiten genetischer Schädlingsbekämpfung. Naturwissenschftl. Rdsch. **25**, 391–395 (1972).

Leius, K.: Influence of wild flowers on parasitism of tent caterpillar and codling moth. Canad. Ent. **49**, 444–446 (1967).

Levinson, H. Z.: Lockstoffe als Insektistatika. Z. angew. Ent. **84**, 1–19 (1977).

Martouret, D. J.: La lutte microbiologique contre les insectes nuisibles en U.R.S.S. Rev. Zool. Agric. appl. **68**, 5–12 (1969).

Müller-Kögler, E.: Pilzkrankheiten bei Insekten. Berlin und Hamburg 1965.

Novak, V. J. A.: Insektenhormone. Prag 1960.

Otto, D.: Die Roten Waldameisen. Wittenberg 1962.

Poljakow, I. J.: Mehrjährige Prognose über die Bedeutung der Schädlinge der landwirtschaftlichen Kulturen. Nachrichtenbl. Pflanzenschutzd. in d. DDR NF **26**, 177–184 (1972).

Sandner, H.: Verbindung verschiedener Faktoren der Insektenbekämpfung als Element des integrierten Pflanzenschutzes. Archiv f. Pflanzenschutz **6**, 207–215 (1970).

Schlegel, R.: Betrachtungen über Ergebnisse von Vogelschutzmaßnahmen und Siedlungsdichteermittlungen im Auenwald Laske. Aufsätze z. Vogelschutz u. Vogelkde, H. 2 (1966).

Schütte, F.: Vogelschutz und Eichenwickler. Anz. f. Schädlingskunde **33**, 33–41 (1960).

Starý, P.: Biology of aphid parasites with respect to integrated control. Den Haag 1970.

Steinhaus, E. A.: Principles of insect pathology. New York, Toronto u. London 1949.

— (Hg.): Insect pathology. An advanced treatise. New York u. London 1963.

Weiser, J.: An Atlas of insect diseases. 2. Aufl. Prag 1977.

Wilde, J. de: Insektenhormone und Insektenbekämpfung. Z. angew. Ent. **77**, 279–286 (1975).

Zwölfer, H.: Grundlagen und Möglichkeiten der biologischen Unkrautbekämpfung. Nachrichtenbl. Dtsch. Pflanzenschutzd. **26**, 98–102 (1974).

12. Sachregister

Der Verfasser

- behandelt in diesem Band die Voraussetzungen, Möglichkeiten, Erfolge und Grenzen der einzelnen Verfahren der biologischen Schädlingsbekämpfung

- geht auf die Mittel der biologischen Schädlingsbekämpfung ein und erörtert außer tierischen Feinden und Krankheitserregern u. a. Sterilantien, Hormone und Lockstoffe

- wendet sich an die in Landwirtschaft und Gartenbau für die Schädlingsbekämpfung Verantwortlichen, an Studenten, Biologielehrer und alle an der Erhaltung einer artenreichen Umwelt Interessierten

WISSENSCHAFTLICHE TASCHENBÜCHER

FSC
www.fsc.org
MIX
Papier | Fördert gute Waldnutzung
FSC® C083411

Zeitfracht Medien GmbH
Ferdinand-Jühlke-Straße 7
99095 Erfurt, Deutschland
produktsicherheit@kolibri360.de